教育部高等学校材料类专业教学指导委员会规划教材

材料科学与工程

材料综合实验教程

陈秋龙　周伟敏　朱申敏　等 编

TUTORIAL OF COMPREHENSIVE MATERIALS EXPERIMENTS

U0244196

化学工业出版社

·北 京·

内 容 简 介

《材料综合实验教程》结合近年来开展的教学改革和创新实验，融合"材料科学基础""材料加工原理""材料性能学""材料组织结构表征""材料化学"等核心课程实验，以材料经典实验为基础，较为系统地把金属材料、无机非金属材料和高分子材料实验综合在一起。

本教程有基础实验 27 个，综合和设计性实验 23 个。第一部分以材料类基础实验为主，介绍了材料组织结构表征方法和性能测试相关技术实验；第二部分以材料制备和成型的综合实验为主，除涉及金属材料铸造及热处理基本技术实验外，增加了高分子材料、陶瓷材料和纳米材料制备技术和性能分析实验，并包含功能材料的制备分析实验；第三部分为设计性实验，繁简难易不同，较适合小组化开展，还包含"三元相图测定与分析"虚实结合的教学实验。

本教程是高等学校材料科学与工程专业本科实验教学用书，也可供相关教师、研究生和从事材料类工作的科研人员、工程技术人员参考。

图书在版编目（CIP）数据

材料综合实验教程/陈秋龙等编. —北京：化学工业出版社，2023.9

ISBN 978-7-122-43689-4

Ⅰ.①材…　Ⅱ.①陈…　Ⅲ.①工程材料-材料试验-教材　Ⅳ.①TB302

中国国家版本馆 CIP 数据核字（2023）第 112129 号

责任编辑：陶艳玲　　　　　　　　　　装帧设计：史利平
责任校对：李　爽

出版发行：化学工业出版社（北京市东城区青年湖南街 13 号　邮政编码 100011）
印　　刷：北京云浩印刷有限责任公司
装　　订：三河市振勇印装有限公司
787mm×1092mm　1/16　印张 16½　字数 386 千字　2024 年 1 月北京第 1 版第 1 次印刷

购书咨询：010-64518888　　　　　　　售后服务：010-64518899
网　　址：http://www.cip.com.cn
凡购买本书，如有缺损质量问题，本社销售中心负责调换。

定　　价：58.00 元

前 言

　　实验教学是高等院校培养高素质、综合创新型人才的重要的实践环节。 材料类专业实验是专业教学与研究中的重要手段，不仅是理论教学的辅助和延伸，也是培养学生创新能力和综合实践能力的载体之一。

　　针对教育部高起点、宽口径人才的培养目标，为实现材料类专业多学科知识的交叉和渗透，秉承上海交通大学材料科学与工程学院 "以学生为中心，以国际化为导向，强化专业基础教育，突出工程素质培养" 的教育理念，在多年实验教学的基础上，结合近年来开展的教学改革和实验创新，融合 "材料科学基础" "材料加工原理" "材料性能学" "材料组织结构表征" "材料化学" 等核心课程实验，以材料经典实验为基础，较为系统地把金属材料、无机非金属材料和高分子材料的实验内容综合在一起，编写了可提高学生综合能力、创新设计能力的综合设计实验教材。

　　本教程第一篇以材料类基础实验为主，介绍了材料组织结构表征方法和性能测试技术相关实验；第二篇以材料制备和成型的综合实验为主，除了传统金属材料铸造及热处理基本技术实验外，增加了高分子材料、陶瓷材料和纳米材料的制备技术和性能分析实验，也包含功能材料的制备分析实验；第三篇为设计性实验，繁简难易不同，较适合小组化开展，并包含 "三元相图测定与分析" 虚拟仿真实验与线下实验相结合的教学实验。 通过全流程实验设计和实践，让学生自主设计实验，实施实验，观察、验证和总结实验，培养学生动手能力、团队合作能力和拓展创新能力，也培养学生对材料科学的兴趣。

　　本教程附录部分是实验的延伸，包含一些新的设备和技术，也是编者近年来实验教学和研究的总结，供参考。

　　本教程的实验教学体系可涵盖大二、大三和大四年级学生开展基础和综合实验设计，建议安排 108 学时的实验教学，综合创新实验可根据专业模块和学生兴趣，建议选做 3~4 个实验。

　　本教程由陈秋龙、周伟敏、朱申敏等编写。 周伟敏编写了实验 6、14~16、18~23、27、43，朱申敏编写了实验 32~35 及附录五，参与编写的还有吴雪艳（实验 8~10、48、49）、刘静（实验 36~40、50）、马晓丽（实验 12、13、45）、王斐霏（实验 17）、袁广银（实验 24）、李万万（实验 25）、李宇罡（实验 26）、陈俊超（实验 42）、邢辉（实验 47），其他章节和附录由陈秋龙编写。全书由陈秋龙、周伟敏进行统稿，郭正洪主审，参与审稿的还有陈玉梅老师、张鹏特别研究员。

编写本教程过程中，参阅了相关教材和著作，已列入参考文献，在此表示感谢！

限于作者水平，难免有疏漏和不当之处，恳请读者批评指正。

编者

2023 年 5 月于上海交通大学

目 录

第二篇　材料制备与成型综合实验

第三篇　设计性实验

附录（电子版）

参考文献

绪 论

　　材料科学是研究材料的成分、组织结构、制备工艺和性能之间相互关系的科学，它对材料的生产、使用和发展具有实际指导意义。在材料科学发展过程中，为了改善材料的质量、提高其性能、研究开发新型材料等，不仅需要从理论上了解其本质，掌握其规律，还要进行实验验证，从而指导实践和持续改进。材料科学与工程专业实验的教学任务是指导学生或学习者在掌握一定材料理论基础知识后，通过基本的实验演示、实验验证和结果分析，巩固所获知识和实验技能，通过综合实验的训练，逐渐了解材料科学研究中成分、组织结构、制备工艺与性能之间相互关系的规律，从而能够走向自主设计的创新综合实验之路。

　　为了更好地参照教程进行实验，必须重视掌握材料实验的教学方法，而实验过程中涉及的实验室安全与实验规范是必须严格遵守的制度。

一、材料实验学习方法

　　完整的材料基础综合实验由实验预习、实验操作和实验报告（含汇报）三部分组成。

1. 实验预习

通过预习需要了解以下内容：
　　① 实验目的和要求；
　　② 实验所涉及的基础知识、实验原理；
　　③ 实验的具体流程；
　　④ 实验所需要的试剂、仪器、设备及其操作步骤；
　　⑤ 实验基本条件的设定；
　　⑥ 实验仪器操作规程，可能获得的结果。

2. 实验操作

　　材料基础综合实验一般包括制备和表征两个方面的内容，制备过程用时较长，也许一次实验并不能达到实验的目标，因此实验过程细节非常重要，实验操作需要做到以下几点：
　　① 认真听取实验老师的讲解，明确实验过程、操作要点和注意事项；
　　② 认真观察实验过程中发生的现象，并及时、如实记录到实验报告本上；

③ 实验过程中认真分析实验现象和相关数据，发现实验结果与理论不符，应仔细查阅实验记录，分析原因；

④ 实验结束，做好清理工作，仪器、设备恢复原状，废弃化学试剂按规定处理；

⑤ 实验记录经指导老师查阅后，方可离开实验室。

3. 实验报告

根据实验记录和获得的数据、图片、曲线等，进行分析整理，完成实验报告，如：

① 根据理论知识分析和解释实验现象，对实验数据进行必要的处理，得出实验结论。

② 独立完成实验报告，包括实验题目，实验日期，实验目的，实验原理，实验数据、图片和作图曲线，结果和讨论。

③ 按时提交实验报告。

二、材料实验室安全与实验规范

1. 实验室规则

① 实验前应充分预习，获取学生实验安全规范手册，并通过考试。

② 爱护实验室仪器、设备。

③ 不得在实验过程中进行与实验无关的活动。

④ 保持整洁的实验环境。

⑤ 严格遵守操作规范和安全制度，防止事故发生。

2. 实验室安全规范

为了防止发生事故，必须严格遵守实验室安全规范。

① 实验前熟悉操作中的安全注意事项，对可能发生的事故有高度警惕，严格遵守操作规程，杜绝事故的发生。

② 严禁在实验室内吸烟，严禁在实验室内饮食或把餐具带进实验室内。

③ 使用电器时要谨防触电，确保用电安全。

④ 做有毒、有臭、有害气体的实验，要采取措施，不让气体外泄，在通风橱内进行操作；长时间使用剧毒物质和腐蚀性药品如强酸、强碱等，要戴防护用具。

⑤ 有毒和腐蚀性的药品要注意防止触及皮肤和衣服。不能直接用手取放化学药品，如手上有伤口一定要包扎后才能进行实验。加热或倾倒液体时，切勿俯视容器，以防液滴飞溅造成事故。

⑥ 不得随意丢弃用过的实验药品和容器。

⑦ 实验室所有药品不得携出室外。

⑧ 相关实验安全知识，请参阅附录及国家标准。

第一篇

材料组织结构表征方法与性能测试

光学显微镜的使用

一、实验目的

① 了解光学显微镜的结构原理，熟悉各部件的作用；

② 掌握分辨率的概念及其影响因素；

③ 学会正确操作金相显微镜。

二、实验原理与方法

利用光学显微镜可以观察材料表面的微观组织。光学显微镜可以在毫米和微米尺度下观察微观组织。

（一）显微镜的成像原理

把待观察的物体放在物镜焦点外侧靠近焦点处时，在物镜后方成一个倒立放大的实像，而该实像恰好在目镜焦点内侧靠近焦点处，再经过目镜放大成为虚像。故最终观察到的是经过两次放大后的倒立的虚像。

图 1-1 为光学显微镜的成像原理图。物体 AB 置于物镜前焦点以外但很靠近焦点的位置，经物镜放大形成一个倒立放大的实像 A′B′，这个像位于目镜的前焦距之内但很靠近焦点的位置，目镜再将 A′B′放大，得到 A′B′的正立的虚像 A″B″，使其位于眼睛的明视距离（距人眼约 250mm）。最后的影像 A″B″是经过物镜、目镜两次放大后得到的。A″B″的放大倍数 M 的计算公式为：

$$M = M_目 \, M_物 = \frac{A''B''}{A'B'} \times \frac{A'B'}{AB} \tag{1-1}$$

式中，$M_目$ 为目镜放大倍数；$M_物$ 为物镜放大倍数。

由于自然光的波长限制，一般光学显微镜的最大放大倍数只能达到 1000 倍。

在外形上，光学显微镜最常见的有正置和倒置两类，根据光路又分为反射型（金相显微镜)、透射型(生物显微镜)及透反一体偏光显微镜三类,其主要结构由机械系统、照明系统、光学系统和摄影系统4个系统组成。图1-2所示的是正置金相显微镜。不同厂家生产的金相显微镜原理和结构与此类似。

普通的光学显微镜主要由3个系统构成:光学系统、照明系统和机械系统。

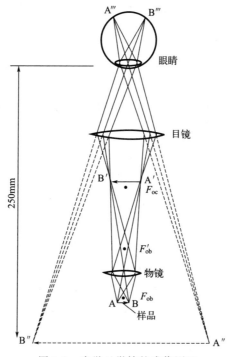

图 1-1　光学显微镜的成像原理

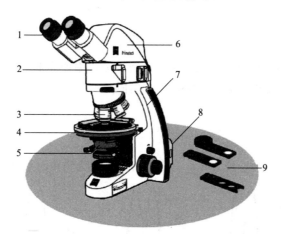

图 1-2　金相显微镜结构

1—目镜;2—中间板;3—物镜;4—载物台;5—聚光镜与孔径光阑;6—三目头;
7—显微镜底座;8—显微镜网络适配器;9—附件:起偏镜、检偏镜、滤色偏滑尺

(二)显微镜的光学系统

光学系统的主要构件是物镜和目镜,其任务是完成样品信息的放大,并获得清晰的图像。

1. 物镜

物镜是由若干透镜组合而成的一个透镜组。组合使用的目的是克服单个透镜的成像缺陷，提高物镜的光学质量。显微镜的放大作用主要取决于物镜，物镜质量的好坏直接影响显微镜的成像质量，它是决定显微镜的分辨率和成像清晰程度的主要部件。

（1）物镜参数——数值孔径

物镜的数值孔径表征物镜的聚光能力，是判断其性能好坏（即消位置色差的能力）的重要指标。其数值的大小，分别标在物镜和聚光镜的外壳上。

数值孔径又叫做镜口率，简写为 NA。它与物体和物镜间媒质的折射率 n 以及物镜孔径角 α 有关，其大小由下式决定：

$$NA = n\sin\frac{\alpha}{2} \tag{1-2}$$

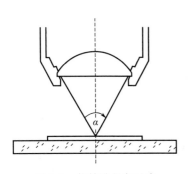

图 1-3 物镜孔径角示意

图 1-3 为物镜孔径角示意。

数值孔径与其他物镜参数的关系：与分辨率成正比，与放大率成正比，景深与数值孔径的平方成反比，NA 值增大，视场宽度与工作距离都会相应地变小。

对于给定物镜，孔径角已经固定，若想增大 NA 值，唯一的办法是增大介质的折射率 n 值。基于这一原理，物镜可分为干燥系物镜（介质为空气，其折射率 n 为 1）、水浸系物镜（介质为水，其折射率 n 为 1.33）和油浸系物镜（介质为油，其折射率 n 为 1.4），后两种的 NA 值大于 1。

（2）物镜参数——分辨率

表示能够区分的两个清晰点之间的最小距离。分辨率的高低决定了获得图像组织细节信息的多少。图 1-4 为分辨率示意。分辨率 ε 的计算公式为：

$$\varepsilon = 0.61\frac{\lambda}{NA} \tag{1-3}$$

式中，λ 为所用光源的波长（取 $\lambda = 0.55\mu m$）；NA 为物镜的数值孔径。

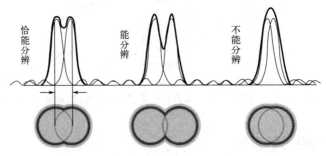

图 1-4 分辨率示意

需要说明的是，利用公式所得到的分辨率为理论值，实际显微镜的分辨率根据样品的不同、周围光线环境的不同、显微镜技术的不同会有较大的变化。

提高分辨率的方法：①采用短波长的光源，如激光光源；②增加 NA 值；③增加明暗反差，采用光路处理技术降低光路中的杂散对成像质量的影响。

（3）物镜参数——放大倍数

指物体经物镜放大再经目镜放大后，人眼所看到的图像大小与原物体大小的比值。显微镜常用的放大倍数有 5、10、20、50、100 几个倍数。

（4）物镜参数——景深

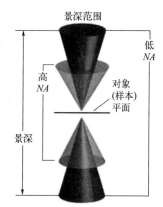

景深就是物镜的垂直分辨率，反映了物镜对样品位于不同高度平面上细节分辨的能力。当显微镜准确聚焦于某一表面，如果位于其前面及后面的表面仍然能清晰成像，则该最远两平面之间的距离就是景深，如图 1-5 所示。

景深的计算公式如下：

$$D = \frac{Kn}{MNA} \qquad (1\text{-}4)$$

式中，$K = 240\mu m$，为常数；n 代表介质折射率；M 为显微镜总放大倍数。

图 1-5　景深示意

景深与放大倍数及数值孔径是成反比的，因此在要求高数值孔径获得高分辨率时会导致景深的降低。如图 1-5 所示，数值孔径 NA 越大，放大图像但景深小。光学显微镜要获得高的分辨率，物镜的数孔径值要求尽可能大，因此光学显微镜的景深范围很小，大致是从零点几微米到几微米。所以显微镜下观察的样品都需要经过制样。

（5）物镜参数——工作距离

也称物距，指物镜前透镜的表面到被检物体之间的距离，如图 1-6 所示。随着数值孔径的增大（分辨率的提高）工作距离会缩短。

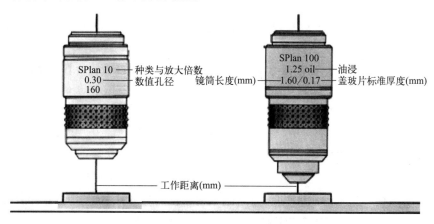

图 1-6　物镜工作距离

（6）物镜参数——类型

根据使用的介质折射率的不同，可分成：①干燥系物镜（介质为空气）；②水浸系物镜（介质为水）；③油浸系物镜（介质为香柏油、汽油）。

根据色差校正程度的不同，分为：消色差物镜（Ach）、半复消色差物镜（FL）以及复消色差物镜（Apo）。

图 1-7 为物镜的外观，在其外壳上标明了其主要参数。

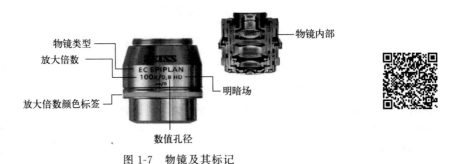

图 1-7　物镜及其标记

2. 目镜

将由物镜放大所得的实像再次放大，从而在明视距离处形成一个清晰的虚像。标准放大倍数为 10 倍。

（1）目镜参数——视场数

在目镜上除了标有放大倍数外，还标有视场数，通常为 18、20、22、23 等，用于计算实际观察视场的大小即视场直径。

（2）目镜参数——视场直径

视场直径又称为视场宽度，是指在显微镜下看到的圆形视场内所能容纳的被检物体的实际范围。视场直径计算公式如下：

$$F = FN / Mob \tag{1-5}$$

式中，F 为视场直径；FN 为视场数（field number, FN），标刻在目镜的镜筒外侧；Mob 为物镜放大倍数。

由式（1-5）可看出：视场直径与视场数成正比；增大物镜的放大倍数，视场直径减小。因此，若在低倍物镜下可以看到被检物体的全貌，换成高倍物镜，就只能看到被检物体的很小一部分。

（三）显微镜的照明系统

显微镜必须依靠附加光源方可进行工作。照明系统的任务是根据不同的研究目的调整、改变采光方法，并完成光线行程的转换。该系统的主要部件是光源与垂直照明器。

1. 透射和反射光路

以 Primotech 显微镜为例，说明透射和反射光路，如图 1-8 所示，该显微镜采用 Led 灯光照明，色温 5000K。反射光光路中，借助半透半反镜反射，使光线投在金相磨面上，靠金属自身的反射能力，部分光线被反射而进入物镜，经放大成像最终被我们所观察；透射光光路中，底部光源透过样品后进入物镜，经放大成像最终被我们所观察。

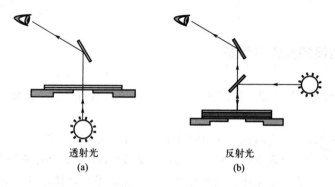

透射光
(a)

反射光
(b)

图 1-8 Primotech 显微镜透射光路（a）和反射光路（b）

透射光路的光源位于样品下方，需要穿透样品后方能观察，样品以透明或半透明材料为主，如高分子材料、岩石薄片、玻璃、纤维等。

反射光路的光源位于样品上方，通过样品表面反射回的光线进行观察，样品以非透明材料为主，如金属、电子材料（芯片、锂电池材料等）的切片、陶瓷等。

2. 光路系统其他主要附件及作用

（1）光阑

在显微镜的光路系统中，一般装有两个光阑，以进一步改善影像质量。一个叫视场光阑，控制视野范围的大小，过滤杂散光，改变照明区域；另一个叫孔径光阑，控制通光量，增加景深与对比度，类似小孔成像原理。

（2）滤色片

滤色片的作用是吸收光源发出的光线中波长不被需要的部分，只让一定波长的光线通过。使用滤色片的目的主要有：

① 增加影像衬度或提高某种彩色组织的微细部分的分辨能力；
② 校正残余像差；
③ 得到波长较短的单色光以提高分辨率。

（四）显微镜的机械系统

显微镜的机械系统主要有底座、载物台、镜筒、调节螺丝及照相部件等，其作用分述如下。

①底座起支撑整个镜体的作用。

②载物台用于放置样品。一般备有在水平面内能作前后、左右移动的螺丝及刻度，以改变观察部位；有的载物台可在360°水平范围内旋转。

③镜筒是物镜、垂直照明器、目镜及光路系统等其他元件的连接筒。

④调节螺丝供调节镜筒升降之用。有粗调旋钮、微调旋钮，以完成显微影像的聚焦调节。

（五）显微镜的操作与维护

显微镜属精密的光学仪器，操作者必须充分了解其结构特点、性能及使用方法，并严守操作规程。

①显微镜应放置在干燥通风、少尘埃且不产生腐蚀气氛的室内。

②显微镜用毕后，应取下镜头收藏在置有干燥剂的容器中，并注意经常更换干燥剂。

③操作时双手及样品要干净，绝不允许将浸蚀剂未干的试样在显微镜下观察，以免腐蚀物镜等光学元件。

④操作时应精力集中，接通电源时应通过变压器，装卸或更换镜头时必须轻、稳、细心。

⑤聚焦调整时，应先转动粗调螺丝，使物镜尽量接近试样（目测），然后边从目镜中观察，边调节粗调螺丝，使物镜渐渐离开样品直到看到显微组织影像时，再使用微调螺丝调至影像清晰为止。

⑥显微镜的光学元件严禁用手或纸巾等擦拭，必须先用专用的橡皮球吹去表面尘埃，再用干净的脱脂棉或镜头纸蘸取酒精轻轻擦净。

（六）特殊光学金相分析

1. 偏振光分析（偏光显微镜）

（1）单折射性与双折射性

光线通过某一物质时，如光的性质和进路不因照射方向而改变，这种物质在光学上就具有"各向同性"，称为单折射体，如普通气体、液体以及非结晶性固体；若光线通过一物质时，光的速度、折射率、吸收性和光波的振动性、振幅等因照射方向而有不同，这种物质在光学上则具有"各向异性"，称为双折射体，如晶体、纤维等。

如图1-9所示，一束单色自然光垂直入射于晶体的表面，进入晶体后，变为两束光，晶体绕入射光方向旋转，寻常光（o光）不动，非常光（e光）随着晶体旋转。

改变入射光的方向，发现在晶体中存在特殊方向，光在晶体中沿这个方向传播时不发生双折射，该特殊方向称为晶体的光轴。

常见的单轴晶体有方解石（冰洲石）、石英、红宝石、人工拉制单轴晶体、ADP（磷酸二氢铵）、铌酸锂（$LiNbO_3$）等。双轴晶体有云母、蓝宝石、黄玉等。

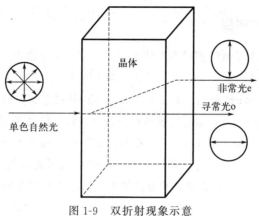

图 1-9　双折射现象示意

（2）光的偏振现象

光波根据振动的特点，可分为自然光与偏光。自然光的振动特点是在垂直光波传导轴上具有许多振动面，各平面上振动的振幅相同，频率也相同；自然光经过反射、折射、双折射及吸收等作用，可以成为只在一个方向上振动的光波，这种光波则称为"偏光"或"偏振光"，如图 1-10 所示。

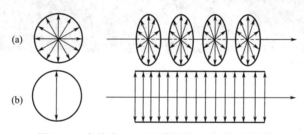

图 1-10　自然光（a）和偏振光（b）振动示意

（3）正交偏振光和干涉片

在显微镜起偏镜产生的光路上，将检偏镜加入物镜与目镜之间的光路中，并使二者的偏光振动方向互相垂直，为正交偏振光装置。

图 1-11 为偏振光应用于观察纯锌在圆偏振光下的明暗变化。

(a) 样品　　　　　　　　　　　(b) 样品转动90°

图 1-11　纯锌在圆偏振光下的金相组织

2. 相衬及微差干涉衬度

相衬分析法就是利用显微镜相衬附件将具有不同高度差（微小）的物相所产生的具有相位差的光，转换为具有强度差的光，来显著提高物相的反差，使眼睛和感光材料都能接受。对于表面高度差在 20～50nm 范围内的组织，很容易用相衬金相显微镜来分辨。

由于存在高度差的局限性，加之扫描电镜的普及，该附件已基本处于淘汰局面。

微差干涉衬度（DIC），是将试样表面微小高度差所造成的光程差，用微差干涉装置，使之转变为人眼及感光材料能感受的高度差和色彩差，从而提高组织的衬度。图 1-12 为球墨铸铁在微差干涉衬度（DIC）条件下的观察结果。因球墨和周围的铁素体硬度不同，经抛光以后存在微小高度差，在 DIC 条件下可获取不同色彩变化的效果。

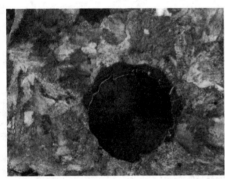

图 1-12　球墨铸铁的 DIC 观察

三、实验设备与样品

① 实验设备：金相显微镜。

② 实验样品：45♯钢、铝硅铸造合金、黄铜、高分子材料球晶、岩相样品等。

四、实验步骤

① 事先熟悉金相显微镜的原理与结构，了解各构件的性能和功用。

② 打开显微镜和电脑的电源。

③ 首先选用低倍物镜，把样品放在物镜下方，使物镜尽量接近试样。

④ 调节粗调螺丝，使物镜渐渐离开试样，同时在目镜中观察视场由暗到明，直到看到显微组织为止，再调微调螺丝至看到清晰显微组织为止。注意调节时要缓慢些，切勿使镜头与试样触碰。

⑤ 根据观察到的组织情况，按需要调节孔径光阑和视场光阑到适当位置（获得组织清

晰、衬度均匀的图像）。

　　⑥ 移动载物台，对试样各部分组织进行观察。

　　⑦ 打开软件，微调焦距至屏幕上图像清晰，保存图像。

　　⑧ 选用高倍物镜对样品组织进行观察。

　　⑨ 观察结束后切断电源，将显微镜复原。

五、实验报告要求

　　在标明放大率时需要说明的是，放大率是一个有点误导性的参数，它取决于打印图片的最终大小，会随图片尺寸而变化。因此更规范的做法是在图片上添加标尺，表明图像的真实长度。当图片大小发生变化时，标尺也随之变化，由此计算放大率。通常要求用于出版/展示的图片都应有标尺。

六、思考题

　　① 在使用高倍镜时，如果把样品放反了，将会出现什么问题？为什么？

　　② 在低倍镜调节焦距时，若视野中出现了能随样品移动而移动的颗粒或斑纹，是否只要调节样品台将样品对准物镜中央，就一定能观察到样品的物像？为什么？高倍镜呢？

　　③ 如何分析判断视野中所见到的污物点是否在目镜上？

　　④ 使用显微镜观察样品，为什么一定要按从低倍镜到高倍镜的顺序进行？

金相样品的制备

一、实验目的

① 初步掌握制备金相样品的常规方法及要点。

② 了解影响制样质量的因素及金相特征。

③ 进一步熟悉金相显微镜的操作和使用。

二、实验原理与方法

正确检验和分析金属显微组织的前提是必须具备优良的金相样品。金相样品的制备包括取样、磨制、抛光、组织显示（浸蚀）等几个步骤。

（一）取样

取样应根据被检零件的检验目的，选择有代表性的部位。切取方法有多种，对于软材料可以用锯、车、刨等方法；对于硬材料可以用砂轮切片机或线切割机等切割的方法；对于硬而脆的材料可以用锤击的方法。切取试样时应避免样品因塑性变形或受热而引起的组织失真现象。试样的尺寸并无统一规定，从便于握持和磨制的角度考虑，金相样品的尺寸一般12mm×10mm为宜。对于尺寸过小、形状不规则和需要保护边缘的试样，可以采取镶嵌或机械夹持的办法。

金相试样的镶嵌，分成热镶和冷镶。热镶在专用的镶嵌机上进行，图 2-1 为自动镶嵌机结构示意，利用热塑性塑料（如聚氯乙烯）或热固性塑料（如胶木粉）作为填料，加热使填料固化。冷镶方法不需要专用设备，只将适宜尺寸（约 $\phi15\sim20$mm）的钢管、塑料管或纸壳管放在平滑的板上，试样置于管内待磨面朝下倒入冷凝性塑料（如环氧树脂＋固化剂），放置一段时间凝固硬化即可，适用于一般固体材料、无机非金属粉末或受热影响的高分子材料等。

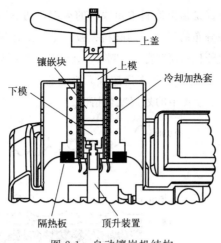

图 2-1　自动镶嵌机结构

（二）磨制

首先将观察面磨平，同时去掉切割时产生的变形层。细磨是消除粗磨时产生的磨痕，为试样磨面的抛光作好准备。磨制一般在从粗到细不同粒度的一系列砂纸上进行，砂纸规格见表 2-1。

表 2-1　常用金相砂纸的规格

金相砂纸型号	P180	P280	P400	P600	P1200	P2500
磨粒尺寸/μm	78	52	34	23	15	7

磨制可分为手工磨（图 2-2）和机械磨两种。

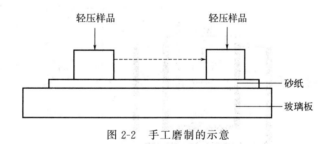

图 2-2　手工磨制的示意

（三）抛光

抛光的目的是去除金相磨面上因细磨而留下的磨痕，使之成为光滑、无痕且没有变形的镜面。金相试样的抛光可分为机械抛光、电解抛光、化学抛光三类。

1. 机械抛光

机械抛光简便易行，应用较广。机械抛光在抛光机上进行，将抛光织物固定在抛光盘上，将适量的抛光介质滴洒、涂抹在盘上即可进行抛光。

机械抛光与磨光本质上都是借助磨料尖角锐利的刃部，切去试样表面隆起的部分。抛光时，抛光织物纤维带动稀疏分布的极微细的磨料颗粒产生磨削作用，将试样抛光。

常用的抛光材料有：人造金刚石研磨膏，金刚石、氧化铝、氧化铬或氧化硅粉末的悬浮液等。

图 2-3 为常用机械研磨/抛光机，可选定速或无级变速。

图 2-4 为试样表面在制备过程中的划痕变化情况。

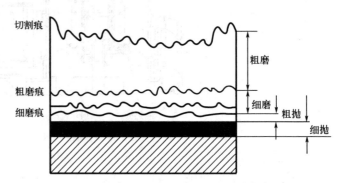

图 2-3　机械研磨/抛光机　　　　图 2-4　试样表面在制备过程中的划痕变化情况

2. 电解抛光

电解抛光就是把样品放入特定电解液中，装置原理图如图 2-5，样品作为阳极，接通电流后，样品表面金属离子在溶液中发生溶解，在一定的电解条件下，试样表面凸起部分的溶解速度更快，从而使表面变得平整光滑，随后经电解液浸蚀后的样品表面显示出组织。常用电解抛光液见表 2-2。

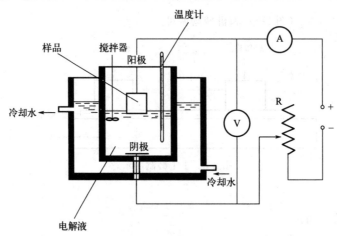

图 2-5　电解抛光装置

表 2-2　常用金属的电解抛光液及规范

序号	电解抛光液配方	规范		适用范围	注意事项
		电压/V	时间/s		
1	高氯酸 20mL 酒精 80mL	20～50	5～15	钢铁、铝合金、锌合金及铅	温度小于 40℃，新配试剂效果好

序号	电解抛光液配方	规范		适用范围	注意事项
		电压/V	时间/s		
2	磷酸 90mL 酒精 10mL	10~20	20~60	铜及铜合金	用低电流可进行电解浸蚀
3	高氯酸 10mL 冰醋酸 100mL	60	15~20	钢、镍基高温合金	
4	草酸 10mL 水 100mL	10	5~15	区别奥氏体中 σ 相及碳化物等	
5	铬酐 10mL 水 100mL	6	30~90	显示钢中的铁素体、渗碳体、奥氏体	
6	明矾饱和水溶液	18	30~60	显示奥氏体不锈钢中的晶界	

3. 化学抛光

化学抛光利用化学溶解作用得到光滑的抛光表面。将试样浸在化学抛光液中，进行适当的搅动或用棉花擦拭后，样品表面变得平整。化学抛光兼有化学腐蚀的作用，能显示金相组织。化学抛光液的成分随抛光材料的不同而不同，一般为混合酸。

（四）组织显示

抛光后的试样在金相显微镜下观察，仅能看到光亮的磨面，如果有划痕、水迹或材料中的非金属夹杂物、石墨以及裂纹等也可以看出来，但是要分析显微组织，就必须进行浸蚀。

浸蚀的方法有多种，常用的是化学浸蚀法、电解浸蚀法，利用浸蚀剂对试样进行化学溶解，或利用外加电场的电化学浸蚀作用将微观结构组织显露出来。

纯金属（或单相均匀固溶体）的浸蚀基本上为化学溶解过程。位于晶界处的原子和晶粒内部原子相比，自由能较高，稳定性较差，故易受浸蚀形成凹沟。晶粒内部被浸蚀程度较轻，仍可保持原抛光平面。在明场下观察，可以看到一个个晶粒被晶界（黑色网络）隔开。如浸蚀较深，还可以观察到各个晶粒明暗程度不同的现象，这是因为每个晶粒原子排列的位向不同，浸蚀后，以最密排面为主的外露面与原抛光面之间倾斜程度不同的缘故。

两相合金的浸蚀与单相合金不同，它主要是一个类电化学浸蚀过程。在相同的浸蚀条件下，具有较高负电位的相（微电池阳极）被迅速溶解凹陷下去；具有较高正电位的相（微电池阴极）在正常电化学作用下不被浸蚀，保持原有的光滑平面。浸蚀结果使两相之间产生了高度差。以共析碳钢层状珠光体浸蚀为例，层状珠光体是铁素体与渗碳体相间隔的层状组织，浸蚀过程中，铁素体因具有较高的负电位而被溶解，渗碳体因具有较高的正电位而被保护，另外在两相交界处因被严重浸蚀而形成更深的凹沟。这样在显微镜下可以看到相与相之间、不同相之间均有黑色条纹相间，显示出两相的存在。

多相合金的浸蚀同样也是一个电化学溶解过程，原理与两相合金相同。但多相合金的组成比较复杂，用一种浸蚀剂来显示多相是难以做到的，采用选择性浸蚀法及薄膜浸蚀法等专门方法更为合理。

通过训练掌握金相制样基本技能后，若进行相关样品的组织显示，推荐的常用浸蚀剂及规范见表 2-3。

表 2-3　常用浸蚀剂及规范

试剂名称	试剂成分	适用范围
硝酸酒精溶液	硝酸 1～5mL，酒精 100mL，硝酸含量根据材料选择	碳钢及低合金钢
苦味酸酒精溶液	苦味酸 1～5g，酒精 100mL	显示钢的各种组织、碳化物界面
苦味酸盐酸酒精溶液	饱和苦味酸，盐酸 5～20mL，酒精 100mL	淬火及回火钢，或不锈钢的晶粒和组织
氯化铁盐酸水溶液	氯化铁适量，盐酸 20mL，水 100mL	不锈钢组织
氢氟酸水溶液	氢氟酸 0.5mL，水 100mL	铝合金、钛合金
Keller 试剂	氢氟酸 1mL，盐酸 1.5mL，硝酸 2.5mL，水 95mL	铝合金、钛合金

三、实验设备与材料

① 实验设备：金相磨抛机、吹风机、金相显微镜等。

② 实验材料：砂纸，化学腐蚀液，酒精，退火态 20♯、45♯、T12 钢等，也可选铝硅合金。

四、实验步骤

（一）磨光

① 在正式磨样前清理工作台面的灰尘或磨料颗粒，以免影响磨样质量。

② 不准磨制样品有标记的面，无标记面为磨制面。先观察待磨面的平整度，以便确定最初选用的砂纸型号。若待磨面粗糙，有明显的加工印记，应当从 180♯砂纸开始，如果待磨面比较平整可以从 320♯砂纸开始。铝合金样品可以从 600♯砂纸开始，既可以节省砂纸，又能提高效率。磨制面边缘无倒角的需手工倒角（1.5mm×45°）。常规磨光选用 320♯、600♯、1000♯砂纸即可。

③ 在砂纸上将试样的待磨面朝下，用大拇指、食指和中指捏持试样，略加压力朝前推至砂纸边缘，再将试样提起并返回到起始位置，再进行第二次磨制。如此"单程单向"反复进行，直至磨制面平整且磨痕方向一直为止。

④ 用水冲或纸巾擦拭等方式清洁磨制面和玻璃板，避免将当次较粗磨屑、砂纸颗粒带

入下一道砂纸上。

⑤ 换用更高号数的砂纸，并且将试样旋转近 90°，重复上述过程。新砂纸产生的磨痕与之前磨制产生的磨痕垂直（或大角度相交），便于肉眼观察，最终使得新磨痕完全覆盖之前的磨痕。

（二）抛光

① 在开始抛光前，要使用清水冲洗试样和手，防止砂粒带入抛光布，影响抛光效果。

② 将适量抛光膏均匀涂抹在抛光布上，启动抛光机，留意转盘方向，用洗瓶向抛光盘中心部位洒少量水，或开启机器慢滴水模式，以适当压力将试样抛光面均匀压附在抛光布表面进行抛光。

③ 抛光时试样所受摩擦力随施加压力增大而增大，所需握持力也随之增大，因此开始抛光时应注意握持好样品，不要施加过大压力，避免试样脱手抛飞；建议开始抛光时，将试样位置控制在抛光盘圆心附近，感觉适应了抛光握持感后，可逐步将试样外移，这时试样所处位置的抛光盘线速度增大，试样抛光面所受摩擦力变大，抛光速度变快。抛光时可将试样逆抛光盘转动方向而转动，同时由抛光盘中心至边缘往复移动，这样可避免抛光表面产生"拖尾"缺陷。抛光五分钟左右，冲洗并观察有无明显的较粗大划痕，如果有则选用细砂纸重复磨制过程，如果没有则继续抛光几分钟，至抛光面铮亮如镜面即可。

④ 粗抛结束后，冲洗样品和手指，换抛光布（或换抛光机、盘），进行细抛。常规粗抛粒径为 $5\sim9\mu m$，细抛粒径为 $1\sim3\mu m$。目前，实验教学通常采用一次抛光，粒径为 $2.5\sim3\mu m$，虽然还会存在微细划痕，但不影响光学显微镜下对基本组织的观察。若要获得无划痕的表面，建议采用 $0.5\sim1\mu m$ 粒径细抛，能加入 $0.05\mu m$ 氧化铝/氧化硅溶液的化学机械抛光（CMP）模式则更好。

⑤ 抛光结束后应立即用清水清洗试样，防止氧化、腐蚀，避免手和桌面等接触磨制面。

（三）腐蚀

将抛光后的样品表面用水清洗后，喷酒精轻甩，冷、热风快速吹干，吹风时磨制面倾斜，与吹风机的方向呈 30°角。腐蚀操作可采用浸入法、擦拭法或滴拭法。浸入法是用竹木夹子夹持试样，将试样抛光面向下浸入盛有浸蚀剂的培养皿中，不断摆动。擦拭法是用竹夹夹持吸满浸蚀剂的脱脂棉球或手持棉棒擦拭抛光面，抛光面应适当倾斜。滴拭法是用滴管吸取适量的浸蚀剂，滴在抛光面，同时将样品抛光面适当倾斜并不断转动，使得浸蚀均匀。腐蚀时间参照表 2-3，未知样品则腐蚀至表面颜色稍有变暗（银灰色），出现彩色即为过腐蚀。腐蚀完成后立刻用清水冲洗，冲洗时水流和磨面呈一定角度，时间不低于 15s，保证冲洗干净，再滴酒精，吹干得到待观察样品。

（四）观察

试样放置在显微镜下观察，组织清晰、无划痕、无假象就得到了较好的金相试样，如果达不到要求必须酌情返工。腐蚀不足或过腐蚀从抛光步骤返工；有划痕则需再次从较细的砂纸磨制步骤返工。

特别指出，抛光后的样品需要及时腐蚀，若搁置较久表面会产生钝化（或氧化），难以掌握腐蚀时间，需要重新轻微抛光为好。对于有些材料，腐蚀后未及时观察和拍照，会产生氧化腐蚀坑，影响组织观察，因此对于不能及时观察的样品，推荐抛光态放置。

五、实验报告要求

① 根据自己的磨样体会，简述金相样品的制备过程、组织显示方法和注意事项。

② 讨论观察到的试样表面缺陷以及应对措施。

六、思考题

① 试样选择和组织显示的基本要求是什么？

② 试样在抛光态时可以检查些什么？

③ 试样制备过程中易产生哪些假象？有何特征？

④ 今有一齿轮，经表面热处理，需用金相方法检验表面组织，应如何取样？应注意哪些问题？

二元合金相图及其平衡组织观察

一、实验目的

① 了解二元合金相图与铁碳合金在平衡状态下的显微组织。

② 分析成分对铁碳合金显微组织的影响，从而理解成分、组织与性能之间的相互关系。

③ 熟悉二元合金凝固过程中的组织变化规律。

二、实验原理与方法

（一）二元合金相图

合金至少由两个组元组成，由两个组元组成的合金称为二元合金。二元合金相图大致可分为匀晶型、共晶型、包晶型、溶混间隙等，其中最基本的是匀晶型和共晶型。典型二元相图有匀晶型：Ni-Cu（图 3-1），共晶型：Sn-Pb（图 3-3）、Pb-Sb（图 3-4），包晶型：Sn-Sb（图 3-7）。二元共晶型是显微组织分析的基础，又分为亚共晶、共晶、过共晶。

1. 匀晶型

Ni-Cu 相图如图 3-1 所示，显微组织见图 3-2。

图 3-2 显示，30％Ni 的铜镍合金（俗称白铜）从液相中析出固态相时，因金属性强其组织状态常常呈现树枝状，随着温度不断下降，后析出的固相成分有所不同，成分走势按图 3-1 二元相图曲线变化，直至最终凝固。如图 3-2（a）所示的树枝状形态分布，这种组织形态来源于非平衡的铸态冷却方式，为了符合平衡缓冷的相图定义，对铸造合金进行 900℃退火处理，其显微组织如图 3-2（b）所示，为单一 α 等轴晶，是真正的二元匀晶相图组织。

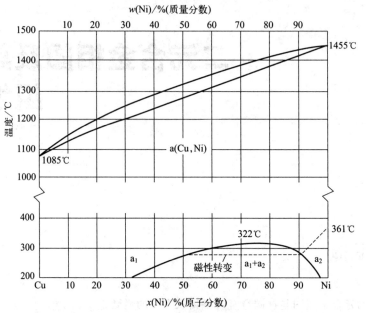

图 3-1 Ni-Cu 匀晶相图

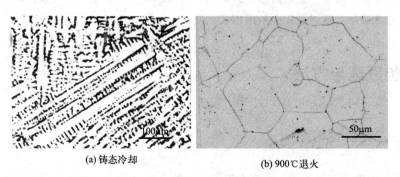

(a) 铸态冷却   (b) 900℃退火

图 3-2 30Ni-70Cu 显微组织

2. 共晶型

Sn-Pb 相图如图 3-3 所示，Pb-Sb 相图如图 3-4 所示。

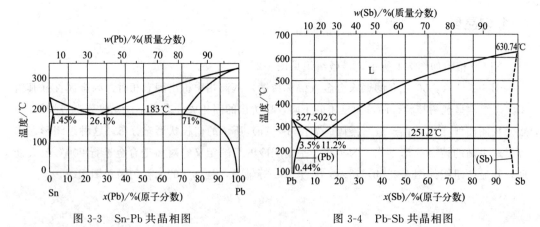

图 3-3 Sn-Pb 共晶相图   图 3-4 Pb-Sb 共晶相图

图 3-5 （a）为 Sn-Pb 二元共晶的典型显微组织，其共晶组织为层片状组合。而过共晶和亚共晶的领先相均为金属性相，其组织形态相似，故仅选取 62％Pb 的过共晶来观察分析，如图 3-5（b）所示，可以看到领先析出的 Pb 固溶体呈树枝状分布，符合金属性相液析规则，剩余共晶相呈层片状分布。

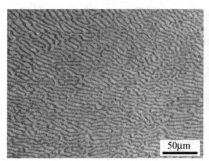

(a) 26%Pb共晶   (b) 62%Pb过共晶

图 3-5　Sn-Pb 二元共晶铸态显微组织

图 3-6 为 Pb-Sb 二元合金的典型显微组织，其共晶组织为均匀混合状组织［图 3-6（b）］。图 3-6（a）为含 8％Sb 的合金组织，亚共晶领先相为金属性相 Pb 固溶体，呈树枝状分布。图 3-6（c）为含 30％Sb 的过共晶合金显微组织，由于领先相为 Sb 固溶体，金属性不强，其液析规则为呈规则外形，图中显示 Sb 固溶体呈三角形、长方形等块状结构，剩余部分为黑白相间的共晶组织。

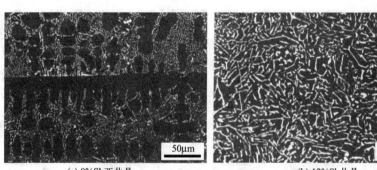

(a) 8%Sb亚共晶   (b) 12%Sb共晶

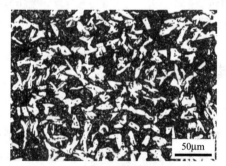

(c) 30%Sb过共晶

图 3-6　Pb-Sb 二元共晶铸态显微组织

3. 包晶型

Sn-Sb 相图如图 3-7 所示，显微组织见图 3-8。

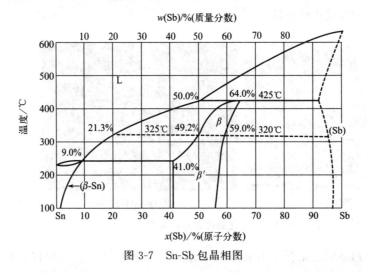

图 3-7　Sn-Sb 包晶相图

从图 3-8（a）可以看出，含 12％Sb 的 Sn-Sb 合金显微组织中，领先析出相为 β'SnSb 固溶体，金属性不强，故呈四方形规则外形，再包晶析出 β 相，随着温度下降，由 β 相脱溶出点状 β_{II}；当 Sb 含量增加至 20％时，领先析出相不仅增加而且长大，如图 3-8（b）所示，其中白色的组织为 β'SnSb 固溶体。

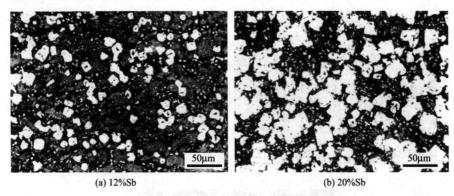

(a) 12%Sb　　　　　　　　　　　　　　(b) 20%Sb

图 3-8　Sn-Sb 二元包晶铸态显微组织

（二）铁碳相图及其合金组织

铁碳合金的平衡组织是指铁碳合金在极为缓慢的冷却条件下所得到的组织。用铁碳相图较左侧的 Fe-Fe$_3$C 相图（如图 3-9 所示）即可分析铁碳合金在平衡状态下的显微组织。

从图 3-9 相图上可以看到所有的碳钢和白口铸铁在室温时的组织均由铁素体（F）和渗碳体（Fe$_3$C）这两个基本相组成，但是由于含碳量的不同，铁素体和渗碳体的相对数量、析出形态以及分布情况均有所不同。因而呈现出各种不同的组织形态，其性能也各不相同。在金相显微镜下具有如表 3-1 所示的几种基本组织组成物。

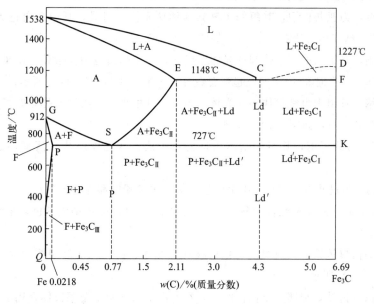

图 3-9　Fe-Fe₃C 相图

表 3-1　各种铁碳合金在室温下的平衡组织

合金类型		碳/%（质量分数）	显微组织
工业纯铁		≤0.0218	铁素体（F）＋极少量 Fe_3C_{III}
碳钢	亚共析钢	0.0218～0.77	铁素体（F）＋珠光体（P）
	共析钢	0.77	珠光体（P）
	过共析钢	0.77～2.11	珠光体（P）＋二次渗碳体（Fe_3C_{II}）
白铸铁	亚共晶白口铸铁	2.11～4.3	珠光体（P）＋二次渗碳体（Fe_3C_{II}）＋室温莱氏体（Ld′）
	共晶白口铸铁	4.3	室温莱氏体（Ld′）
	过共晶白口铸铁	4.3～6.69	室温莱氏体（Ld′）＋渗碳体（Fe_3C_I）

　　经4%硝酸酒精溶液浸蚀后，铁素体和渗碳体都呈白亮色，珠光体的显微结构为铁素体与渗碳体层片相间，而铁素体和渗碳体的相界被浸蚀后呈黑色线条。当放大倍数较高时，可以清晰地看到珠光体中平行排列分布的宽条铁素体和窄条渗碳体；当放大倍数较低时，珠光体的层片状结构就难以分辨了，此时珠光体呈黑色的一团，在非平衡组织中称为屈氏体。

　　常见钢铁的实用成分有工业纯铁，08♯、20♯、45♯、60♯、T8、T12钢，对应的平衡组织如下。

　　① 工业纯铁，由铁素体和少量三次渗碳体组成，如图3-10（a）所示，其中黑色线条是铁素体的晶界，而亮白色基体是铁素体的不规则等轴晶粒。在晶界上存在少量三次渗碳体，呈现出白色的不连续的网状，由于量少，有时看不出。

　　② 08♯钢，其组织由铁素体和珠光体所组成，如图3-10（b）所示，其中亮白色为铁素体，暗黑色为珠光体，约占10%。晶界上的颗粒为纯铁中不易见到的三次渗碳体，部分珠

光体有球化现象，表明即使低碳钢，在大变形工艺前也需要球化处理。

③ 20♯钢，为亚共析钢，其组织由铁素体和珠光体所组成，其中亮白色为铁素体，暗黑色为珠光体，珠光体占比 25％左右，如图 3-10（c）所示。

④ 45♯钢，其组织由铁素体和珠光体所组成，其中亮白色为铁素体，暗黑色为珠光体，珠光体约占 55％，平时和 40♯钢一起被看做各占一半，如图 3-10（d）所示。

⑤ 60♯钢，其组织由铁素体和珠光体所组成，其中亮白色为铁素体，暗黑色为珠光体，珠光体占比 75％左右，如图 3-10（e）所示。

⑥ T8 钢，为共析钢，其组织基本由珠光体组成，珠光体层片状清晰，如图 3-10（f）所示。

⑦ T12 钢，为过共析钢，其组织由白色网状二次渗碳体和珠光体所组成，如图 3-10（g）所示。经抛光后的样品在碱性苦味酸钠溶液中煮蚀，可把渗碳体染成黑色，是区分铁素体和渗碳体的手段之一。

⑧ 亚共晶白口铸铁，其组织由黑色树枝状珠光体、白色二次渗碳体和放射状莱氏体组成，如图 3-10（h）所示。

⑨ 共晶白口铸铁，全部由莱氏体组成，在室温下，又叫室温莱氏体，用 Ld′表示。放射状形态特征，其中黑色为珠光体，白色为共晶渗碳体，或析出二次渗碳体，如图 3-10（i）所示。

⑩ 过共晶白口铸铁，其组织由粗大条状的一次渗碳体和莱氏体组成。经 4％硝酸酒精溶液浸蚀后，可观察到亮白色的大条一次渗碳体，其他为室温莱氏体，如图 3-10（j）所示。

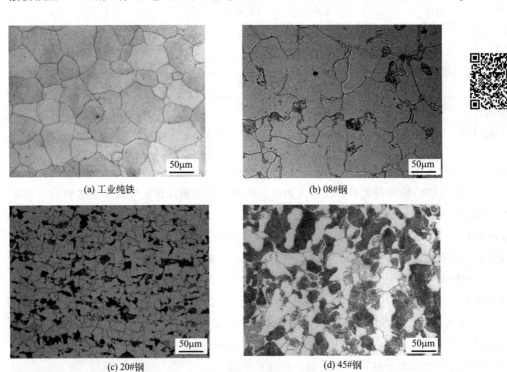

(a) 工业纯铁　　　　　　　　　　　　　　　(b) 08#钢

(c) 20#钢　　　　　　　　　　　　　　　(d) 45#钢

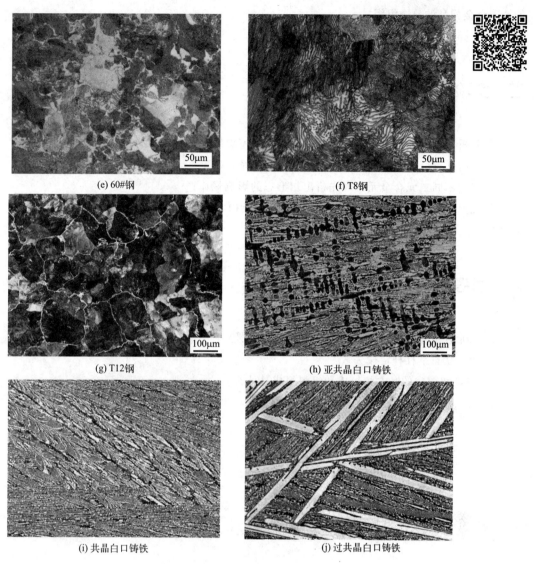

(e) 60#钢   (f) T8钢

(g) T12钢   (h) 亚共晶白口铸铁

(i) 共晶白口铸铁   (j) 过共晶白口铸铁

图 3-10　典型铁碳合金组织

三、实验设备与样品

① 实验设备：金相显微镜。

② 实验样品：二元合金样品 Ni-Cu、Pb-Sb、Sb-Sn 及不同含碳量的铁碳合金样品。

四、实验步骤

① 观察并讨论匀晶型（Ni-Cu）、共晶型（Pb-Sb）、包晶型（Sb-Sn）样品及不同含碳量

的铁碳合金样品的显微组织；

② 分析各相及组织组成物的形成原因。

五、实验报告要求

① 分析不同含碳量的铁碳合金的凝固过程、室温组织及其形貌特征；

② 分析铁碳合金的组织、性能与含碳量的关系；

③ 归纳不同二元合金元素对先析出相形态的影响规律；

④ 观察、分析并画出工业纯铁、不同碳钢及白口铸铁、Ni-Cu、Pb-Sn 的三种组织示意图。

六、思考题

① 二元合金相图中包晶和共晶组织有什么区别？

② 什么状态下杠杆定律失效？

③ Fe-C 相图中的基本相组成和组织组成是什么？

金属的塑性变形与再结晶

一、实验目的

① 研究塑性变形引起的材料金相组织的变化；

② 研究塑性变形引起的以硬度为代表的力学性能的变化；

③ 研究变形度和退火温度对回复再结晶组织及性能的影响。

二、实验原理与方法

（一）金属塑性变形

在切应力的作用下，金属会发生塑性变形，通常变形方式可以分为滑移和孪生两种。

若金属在再结晶温度以下发生塑性变形，称为冷塑性变形。晶粒形状由原来的等轴晶粒逐渐变为沿拉伸方向伸长的晶粒，或变为垂直于压缩方向伸长的晶粒。当变形程度很大时，晶粒被显著地拉成纤维状，这种组织称为冷加工纤维组织。

金属经冷塑性变形后，会使其强度、硬度提高，而塑性、韧性下降，这种现象称为加工硬化。

（二）回复再结晶

金属经过冷塑性变形后其组织处于亚稳态，在退火过程中，会出现回复、再结晶和晶粒长大三个过程。

① 回复：冷变形金属的显微组织无明显变化，仍然保留纤维组织特征。

② 再结晶：金属发生软化，其硬度会明显减小，即其加工硬化的效应会明显消除，甚至恢复冷变形之前的硬度。

③ 晶粒长大：再结晶后，如果继续加热，晶粒会继续长大。晶粒大小的影响因素主要有预变形量大小、再结晶温度及保温时间等。

三、实验设备与材料

① 万能材料试验机；

② 热处理炉；

③ 金相显微镜、金相样品制备设备；

④ 硬度计；

⑤ 电阻仪；

⑥ 纯铝或铝合金、纯铁（已预制变形）。

四、实验步骤

① 在铝片上划出标距，在万能材料试验机上做不同变形度的拉伸。

② 选择纯铝或纯铁变形样品，选择不同退火温度和保温时间进行再结晶退火。

③ 金相样品制备后，观察样品的晶粒变形度。

④ 测试变形和再结晶后样品的硬度和电阻率。

五、实验报告要求

① 分析变形度对热处理组织的影响：对比典型金相照片，确定热处理组织是回复、再结晶、晶粒长大三阶段中哪个阶段的组织。对比热处理前后试样及原始试样的组织，分析塑性变形对金相组织的影响。

② 分析变形度对硬度的影响：对热处理之后的试样进行硬度测试，对比不同变形度试样以及变形前后试样的硬度值，分析热处理对试样硬度的影响。

③ 对比不同变形度的试样经热处理之后的晶粒尺寸，分析变形度大小对热处理后晶粒大小的影响。

④ 选择一定的变形度，寻找再结晶温度（选做）。

六、思考题

① 纯铝变形再结晶实验中，如何确认临界晶粒组织？

② 纯铁变形再结晶实验中，请描述临界再结晶温度的确认方法。

附录：纯铁塑性变形后与再结晶后典型的金相组织

（1）纯铁塑性变形后与再结晶后晶粒变化（图 4-1和图 4-2）

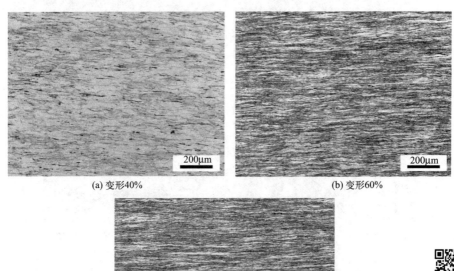

(a) 变形40%   (b) 变形60%

(c) 变形80%

图 4-1   纯铁大变形后晶粒形态

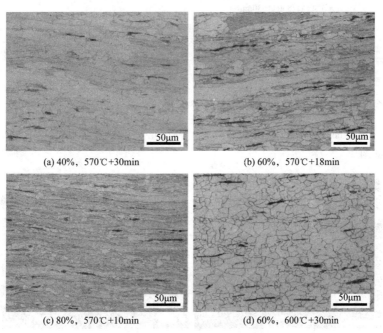

(a) 40%，570℃+30min   (b) 60%，570℃+18min

(c) 80%，570℃+10min   (d) 60%，600℃+30min

图 4-2

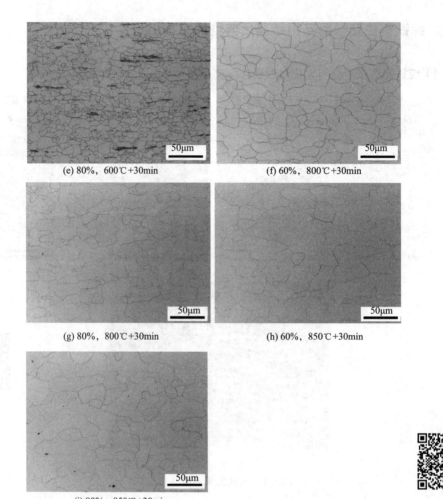

(e) 80%，600℃+30min

(f) 60%，800℃+30min

(g) 80%，800℃+30min

(h) 60%，850℃+30min

(i) 80%，850℃+30min

图 4-2　不同变形度纯铁再结晶后晶粒形态

从图 4-2 中可以发现纯铁经冷变形后晶粒变化的基本规律。在再结晶实验设计中，再结晶温度、保温时间与变形度之间也存在一定的关系。

（2）铝合金塑性变形后与再结晶后晶粒变化

6061 铝合金样品经磨光后采用电解抛光，再在正交偏振光下观察，外加 λ 波片可获得彩色效果，见图 4-3。

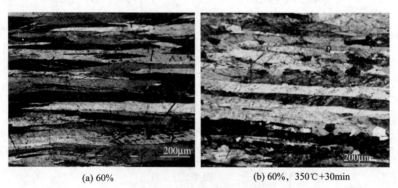

(a) 60%

(b) 60%，350℃+30min

(c) 60%，400℃+30min   (d) 60%，450℃+30min

图 4-3　6061 铝合金变形与再结晶后晶粒变化

实验5 ————

钢中马氏体、贝氏体的形貌识别

一、实验目的

① 观察钢中马氏体和贝氏体的金相形貌，提高对组织的识别能力；

② 进一步分析各类组织的形成条件及其对性能的影响。

二、实验原理与方法

马氏体、贝氏体及回火组织是钢中常见的非平衡组织，不同的钢化学成分、奥氏体化温度及冷却条件，马氏体、贝氏体及回火组织有不同的组织形貌和不同的性能。

非马氏体组织一般指的就是上贝氏体、下贝氏体、粒状贝氏体、屈氏体及残留奥氏体。这些组织如果在晶界出现，则会大大降低材料的韧性，使材料变得很脆，因此要尽量减少或避免。

1. 上贝氏体

如图 5-1 所示，呈现出羽毛状的特点。

连续冷却时形成，渗碳体（碳化物）长得不完整，在铁素体条间断续分布。

2. 下贝氏体

如图 5-2 所示，呈竹叶状。

在金相观察中，通常是浅黄色的基体（马氏体）上的深棕色组织，之所以能区分出来是因为下贝氏体是两相组织，浸蚀比马氏体快。所以，如果马氏体要花 6s 浸蚀出来的话，只用 3s 时间，就可以把下贝氏体显现出来。

在电镜下可以发现，竹叶状的组织里是铁素体里析出渗碳体（碳化物），并规则排列成 $55° \sim 60°$ 角度。

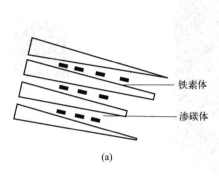
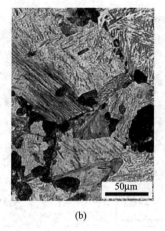

(a) (b)

图 5-1　上贝氏体示意图（a）和典型金相组织照片（b）

铁素体
渗碳体

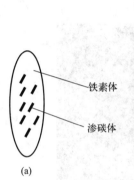
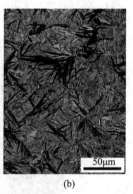

(a) (b)

图 5-2　下贝氏体示意图（a）和典型金相组织照片（b）

铁素体
渗碳体

下贝氏体是在晶粒内出现，而不像上贝氏体在晶界出现，所以性能比上贝氏体要好一些。在 CCT 曲线中，自然冷却曲线很难到达下贝氏体的范围。所以通常是有意控温，等温条件下才能得到下贝氏体。

3. 粒状贝氏体

如图 5-3 所示，铁素体＋岛状组织（含有铁素体和残余奥氏体）。

过冷奥氏体在贝氏体转变温度区最上部的转变产物。形成之初是由条状铁素体合并而成的块状铁素体和小岛状富碳奥氏体组成。富碳奥氏体在随后的冷却过程中，可能全部保留成为残余奥氏体，也可能部分或全部分解为铁素体和渗碳体的混合物（珠光体或贝氏体）；最有可能的是部分转变为马氏体，部分保留下来而形成两相混合物，称为 m-a 组织。

4. 低碳马氏体

如图 5-4 所示，低碳、板条、位错型，竹篮状。

硬度、强度低，韧性好。

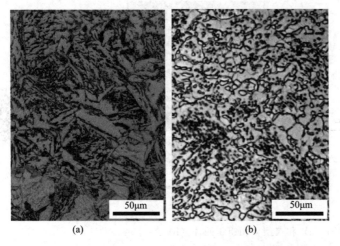

(a)

(b)

图 5-3　粒状贝氏体（a）和粒状组织（b）金相照片

(a)

(b)

图 5-4　低碳马氏体示意图（a）和典型金相组织照片（b）

5. 中碳钢马氏体

中碳钢的淬火组织除了马氏体，还有少量残余奥氏体，是混合型组织，如图 5-5 所示，组织应力大，应该及时回火。

图 5-5　中碳钢混合型马氏体

实际生产中，在淬火之前，回火炉应该已经准备就绪。硬度、强度高于低碳钢马氏体。中、高温回火用得多，常见的有 45♯钢、40Cr 钢、35CrMo 钢等。含碳量越高，淬火温度越低，当含碳量接近共析成分时，会出现隐针状马氏体（在扫描电镜中能看到针状）。

6. 高碳钢马氏体

如图 5-6 和图 5-7 所示，高碳、针状、孪晶型马氏体，粗片状或透镜状。

因含有较多残余奥氏体，一般不能用于仪表类用材，否则，随着温度变化尺寸不稳定。

透镜状的马氏体有中脊线，内有大量的孪晶，组织应力更大，也会发现有很多微裂，是先生成的马氏体被后生成的马氏体撞裂，伴随的残余奥氏体也是关键。

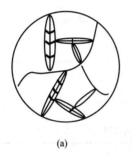

(a)　　　　　　　　　　(b)

图 5-6　高碳钢马氏体示意图（a）和典型金相组织照片（b）

(a) 板条位错　　　　　　　　　　(b) 孪晶型

图 5-7　透射电镜下的两类马氏体

三、实验设备与材料

① 热处理炉两台以上，冷却装置；

② 金相制样设备，磨抛耗材；

③ 光学显微镜；

④ 实验样品材料，见表 5-1。

表 5-1　不同实验用典型显微组织材料及处理方法

编号	典型组织	材料及处理方法
1	上贝氏体	65Mn，950℃→450℃，等温，水冷； 金相制样，4%硝酸酒精浸蚀

Table continued:

编号	典型组织	材料及处理方法
2	下贝氏体	65Mn，950℃→320℃，等温，水冷；金相制样，4%硝酸酒精浸蚀
3	粒状贝氏体	18CrNiMo 钢，1050℃，空冷；金相制样，4%硝酸酒精浸蚀
4	低碳马氏体	20Cr、20CrMo 钢等，1050℃，水冷
5	中碳马氏体	45♯、40Cr、35CrMo 钢等，金相制样，4%硝酸酒精浸蚀
6	隐针马氏体	60Si2Mn、GCr15 钢，900℃，油冷；金相制样，4%硝酸酒精浸蚀
7	高碳马氏体	T10 钢，1050～1100℃，水冷；金相制样，4%硝酸酒精浸蚀
8	屈氏体＋马氏体	45♯、40Cr 钢，1000～1050℃，空冷＋水冷；金相制样，4%硝酸酒精浸蚀
9	上贝氏体＋屈氏体＋马氏体，或铁素体	45 钢，1100℃，空冷；金相制样，4%硝酸酒精浸蚀

四、实验报告要求

① 观察样品并拍摄照片，了解马氏体、贝氏体和其他组织的特点。
② 根据照片，指出典型显微组织的特征，并进行同类对比。

五、思考题

① 为什么典型组织的给出工艺温度远高于正常相变温度？
② 马氏体种类及其不同点。
③ 贝氏体组织中，哪种性能最优？

盐类结晶过程及晶体生长形态的观察

一、实验目的

① 通过观察盐类的结晶过程，掌握晶体结晶的基本规律及特点，为理解金属的结晶理论建立感性认识。

② 熟悉晶体生长形态及不同结晶条件对晶粒大小的影响。

③ 掌握冷却速度与过冷度的关系。

二、实验原理与方法

（一）结晶的基本过程

盐类和金属均为晶体。晶体由液态凝固成固态的过程叫结晶。结晶过程由形核和核长大两个基本过程所组成。在实际结晶条件下，由于外来杂质、容器或铸型内壁等的影响，会造成结晶以非均匀形核的方式进行。晶核形成后通常按树枝方式长大形成树枝晶。由于金属或合金不透明，无法直接观察结晶过程，而盐类亦是晶体物质，其溶液的结晶过程和金属很相似，区别仅在于盐类是在室温下依靠溶剂蒸发使溶液过饱和而结晶，金属则主要依靠过冷结晶，因此，借助于观察盐类结晶过程既简便又直观，从而有助于了解金属的结晶过程。

将适量过饱和氯化铵水溶液（约 $80\sim90℃$）倒入培养皿中或借助于生物显微镜，在一定的过冷条件下，不断结晶出氯化铵。我们可观察到其结晶大致可分为三个阶段。第一阶段开始于液滴边缘，因该处最薄，蒸发最快，易于形核，故产生大量晶核而先形成一圈细小的等轴晶，接着进入第二阶段，形成较粗大的柱状晶。因液滴的饱和程序是由外向里，故位向利于生长的等轴晶得以继续长大，形成伸向中心的柱状晶。第三阶段是在液滴中心形成杂乱的树枝状晶体，且枝晶间有许多空隙。这是因液滴已越来越薄，蒸发较快，晶核亦易形成，然而由于已无充足的溶液补充，结晶出的晶体填不满枝晶间的空隙，从而能观察到明显的枝晶。

由结晶过程可知，整个结晶过程就是不断形核和晶核不断长大的过程，直至结晶完毕，就可看到位向不同、大小不同的晶粒。其晶粒长大成为树枝晶，在生物显微镜下（50×），树枝晶长大的方式尤为清晰。

（二）晶体生长形态

1. 成分过冷

固溶体合金结晶时，在液-固界面前沿的液相中有溶质聚集，引起界面前沿液相熔点的变化。液相的实际温度分布低于该熔点变化曲线，形成过冷。这种由液相成分变化与实际温度分布共同决定的过冷，称为成分过冷。根据理论计算，形成成分过冷的临界条件是：

$$\frac{G}{R} < \frac{mC_0}{D}\left(\frac{1-k_0}{k_0}\right) \tag{6-1}$$

式中，G 为液相中自液-固界面开始的温度梯度；R 为凝固速度；m 为相图上液相线的斜率；C_0 为溶质的质量分数；D 为液相中溶质的扩散系数；k_0 为平衡分配系数。

合金的成分、液相中的温度梯度和凝固速度是影响成分过冷的主要因素。高纯物质在正的温度梯度下结晶为平面状生长，在负的温度梯度下呈树枝状生长。固溶体合金或纯金属含微量杂质时，即使在正的温度梯度下也会因成分过冷而呈树枝状或胞状生长。晶体的生长形态与成分过冷区的大小密切相关，当成分过冷区较窄时形成胞状晶；当成分过冷区足够大时形成树枝晶。

2. 树枝晶

观察氯化铵的结晶过程，可清楚地看到树枝晶生长时各次晶轴的形成和长大，最后每个枝晶形成一个晶粒。根据各晶粒主轴的指向不一致可知，它们有不同的位向。将氯化铵水溶液在培养皿中结晶时，只能显示出树枝晶的平面生长形态。若将溶液倒入小烧杯中观察其结晶过程，则可见到树枝晶生长的立体形貌，特别是那些从溶液表面向下生长的枝晶，犹如一棵棵倒立的塔松。若将溶液倒入试管中观察其结晶过程，则可根据小晶体的漂移方向，看出管内液体的对流情况。

3. 过冷度与结晶后的晶粒大小

晶体结晶时需要过冷，以提供相变的驱动力。因此实际开始结晶的温度低于其熔点（理论凝固温度），理论凝固温度与实际开始结晶温度之差称为过冷度。同种晶体结晶时的过冷度随冷却速度的增加而增大。过冷度愈大，结晶速度愈快，结晶后的晶粒愈细小。

三、实验设备与材料

① 透反一体显微镜；

② 水浴锅、温度计、培养皿、小烧杯、试管、冰块；

③ 氯化铵粉末、五水合硫酸铜晶体等盐类。

四、实验步骤

（1）结晶过程及晶体生长形态观察

将饱和氯化铵或者硫酸铜水溶液，加热到 80~90℃，观察在下列条件下的结晶过程及晶体生长形态。

① 将溶液倒入培养皿中空冷结晶。

② 将溶液滴在玻璃片上，在显微镜下空冷结晶。

③ 将溶液滴倒入小烧杯中空冷结晶。

④ 将溶液滴倒入试管中空冷结晶。

⑤ 在培养皿中撒入少许氯化铵粉末并空冷结晶。

⑥ 将培养皿、试管置于冰块上结晶。

（2）选择若干合适的小晶体，尝试培养成大晶体

五、实验报告要求

① 画出氯化铵水溶液在空气中冷却结晶过程的示意图，并加以说明。

② 比较不同条件下氯化铵溶液结晶的特点和差异。

③ 比较氯化铵和硫酸铜结晶后形态的差异。

④ 分析说明温度梯度对晶体生长形态的影响。

六、思考题

为何氯化铵与硫酸铜的结晶形态不同？

高分子结晶形态的偏振光显微镜观察与分析

一、实验目的

① 掌握偏振光显微镜的原理和使用方法。

② 熟悉高分子球晶在偏振光和非偏振光条件下的组织特征。

③ 了解影响高分子球晶尺寸的因素。

二、实验原理与方法

（一）偏振光装置

用偏振光显微镜或偏振光附件来观察高分子（聚合物）的结晶形态是目前较为简便而直观的方法。

偏振光显微镜的成像原理与常规金相显微镜基本相似，所不同的是在光路中插入一个起偏镜（用来产生偏振光）和一个检偏镜（用来检查偏振光的存在）。正交偏振光，即起偏镜和检偏镜的偏振光振动方向互相垂直。当正交偏振光镜间无样品或有各向同性（立方晶体）的样品时，视域完全黑暗；而有各向异性样品存在时，光波入射后发生双折射，再通过偏振光的相互干涉获得结晶物的衬度。

结晶态高分子具有各向异性的光学性质，因此可借助偏振光显微镜观察其结晶形态。

（二）高分子的结晶过程及形态

高分子的结晶过程是高分子链以三维长程有序排列的过程。高分子可出现不同的结晶形态，如单晶、球晶、串晶、柱晶、树枝晶等。高分子的结晶过程包括形核与长大。形核又分为均匀（均相）和非均匀（异质）形核两类。非均匀形核所需的过冷度较均匀形核小，因此形核剂能有效地提高形核率，细化球晶的尺寸，改善高分子的综合性能。除此以外，生产上还常通过尽可能增加冷却速度以获得大的过冷度来细化球晶，但对于厚壁制件将导致制件内外球晶大小不匀而影响产品质量。如果采用形核剂则不会出现上述情况。

球晶是有球形界面的内部组织复杂的多晶，球晶的直径有时高达几十至几百微米，呈散射形结构，用偏光显微镜容易辨识。高分子的球晶在非偏光条件下观察为圆形，而在正交偏光下却并不呈完整的圆形，而是四叶瓣的多边形，即中间有黑十字消光现象，黑十字的两臂分别平行于两个偏振轴的方向，这是由于正交偏振光及球晶的生长特性所导致的。

本实验将观察聚乙烯（PE）、聚丙烯（PP）和 PHBY 的结晶形态。聚乙烯的注射成型制品中常常含有球晶，观察不同过冷度（或恒温）下，有形核剂与无形核剂对球晶大小的影响。

三、实验设备与材料

① 具有明场、偏振光功能的透反偏光显微镜，压片机、载玻片；
② 聚乙烯（PE）及聚丙烯（PP）。

四、实验步骤

① 熔融法制备高分子球晶：把压片机加热到230℃左右，将样品放在载玻片上，待样品完全熔融，调整不同保温温度和时间，自然冷却至室温。
② 将制备的样品分别在偏振光和非偏振光条件下观察高分子的球晶。
③ 观测不同过冷度（或恒温）和形核剂条件下的球晶，并拍照记录。

在使用透反偏光显微镜时，注意从低倍开始调节，使用透射光，退出起偏镜，先用明场观察，再加入偏光，可旋转样品台，或调节检偏镜旋转钮，观察球晶的色彩变化、光轴变化，有条件的话，加入 λ 波片，观察衬度变化。

五、实验报告要求

① 归纳非偏振光和正交偏振光条件下聚乙烯（PE）和聚丙烯（PP）的结晶形态；
② 讨论影响球晶生长的主要因素。

六、思考题

① 为什么说球晶是多晶聚集体？
② 聚合物结晶过程有何特点？形态特征如何？结晶温度对球晶有何影响？
③ 解释球晶在偏光显微镜中出现黑十字消光图像和同心圆现象的原因。

附录： PP 在透射偏光和反射偏光下的图像（图 7-1）

(a) 透射偏光

(b) 反射偏光+DIC

图 7-1　PP 在透射偏光和反射偏光下的图像

X 射线衍射仪的原理和样品制备

一、实验目的

① 了解 X 射线衍射仪的基本结构及工作原理；

② 掌握物相分析测试参数的设置；

③ 学会制备 X 射线衍射物相分析用样品。

二、实验原理与方法

（一）粉末 X 射线衍射仪的基本结构和工作原理

相干散射是 X 射线在晶体中产生衍射现象的理论基础，晶体衍射花样最主要的两个特征是衍射方向和衍射强度，在 X 射线衍射（XRD）图谱上，表现为具有不同衍射强度的衍射峰。X 射线衍射仪是获得 XRD 数据的基本设备，它主要包括四部分，分别是 X 射线发生器、测角仪、X 射线计数器、系统控制装置。图 8-1 是岛津 XRD-7000 粉末衍射仪中的 X 射线发生器、测角仪和计数器部分。

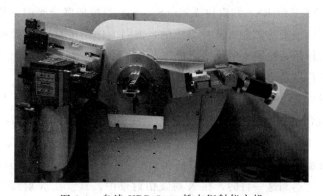

图 8-1　岛津 XRD-7000 粉末衍射仪主机

图 8-2　Hitachi X 射线管
（2kW，Cu 靶）

X 射线发生器除了有可以产生 X 射线的 X 射线管以外，还包括高压发生器，管压、管流和温度电路，保护电路。X 射线管分为冷、热阴极 X 射线管两种，本质上都是高压真空二极管。冷阴极 X 射线管中存在的稀薄气体在高压下被电离，在强电场的作用下，正、负离子被加速后分别飞向阴极和阳极，这个过程中又把撞到的中性气体分子电离。正离子撞击到阴极表面后，使阴极放出电子，这些电子又会撞向阳极，从而产生了 X 射线。冷阴极 X 射线管存在着管流、X 射线强度不易控制的问题。相对而言，目前使用更多的是热阴极 X 射线管，其实物图例如图 8-2 所示。通电后，热阴极 X 射线管中被加热到白炽状态的阴极钨丝放出热电子，这些热电子聚焦后形成的电子流在高压电场的作用下高速撞击阳极金属靶面，产生了 X 射线，包括连续 X 射线谱和特征 X 射线谱，X 射线通过窗口（一般采用吸收 X 射线少的铍作为窗口材料）从 X 射线管中射出。实际上，电子流撞击阳极靶面时，绝大部分（约 99%）的动能是以热能的形式损失掉的，因此会引起靶面温度升高，为防止靶面熔化，一般采用强力循环水对其降温。一般大功率 X 射线衍射仪上配有转靶，这是通过旋转靶面来避免电子流持续轰击靶面同一位置的一种改进形式。

由于不同元素的电子壳层结构不同，并且原子的能量是量子化的，因此不同靶材的 X 射线管会有自己特有的特征 X 射线谱，其波长是一定的。对于 K 系 X 射线谱而言，两个强度比约为 5∶1 的辐射峰分别对应于 K_α、K_β 辐射，K_α 辐射又包含两条波长非常接近的谱线，分别为 $K_{\alpha1}$ 和 $K_{\alpha2}$，其强度比为 2∶1。我们在选择 X 射线管靶材时，要考虑到试样的元素组成，避免使用能被试样强烈吸收的辐射波长，以免激发出很强的荧光辐射，增强衍射谱图的背景。一般靶材的原子序数要等于或小于试样中最轻的元素的原子序数，最多不要大于 1（钙元素以及比钙更轻的元素除外）。

测角仪是 X 射线衍射仪中最精密、最核心的部分，用于精确测量衍射角。图 8-3 是测角仪的联合光阑系统示意图，我们可以看到，光路中 X 射线经过了由狭缝光阑（发散狭缝 DS、防散射狭缝 SS、接收狭缝 RS）和索拉光阑（S_1、S_2）组成的联合光阑系统。索拉光阑是由一组互相平行、间隔很密的贵金属薄片组成的，他们的作用是限制 X 射线在测角仪轴向的发散。发散狭缝的作用是控制入射线的能量和发散度，从而限制了入射线在试样上的照射面积；防散射狭缝的作用是阻挡除衍射线之外的其他散射进入到检测器中；接收狭缝则控制了进入计数器的能量。

由 X 射线管发出的 X 射线中既包括特征 X 射线谱，还包括连续 X 射线谱，并且 K 系特征 X 射线谱还包括有 K_α 辐射和 K_β 辐射，这些谱线之间会相互干扰。不仅如此，X 射线照射到试样上，还有可能激发出试样本身的特征 X 射线。我们进行 XRD 分析时，希望获得单一波长的衍射信息。为达到这一目的，在 X 射线衍射仪中，常常在 X 射线管与样品之间放置一个吸收片，或在计数器前端装一个晶体单色器。吸收片的主要作用是尽可能多地吸收掉 K_β 辐射，因此要根据阳极靶的材料，选择 K 吸收限刚好位于靶材的 K_α 和 K_β 辐射之间，并

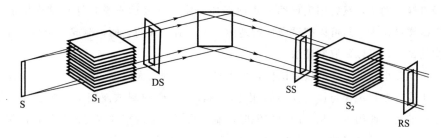

图 8-3　测角仪的联合光阑系统示意

尽量靠近 K_α 辐射的材料。一般实际工作中使用比靶材的原子序数小 1 或 2 的材料作为吸收片，例如，对于 Cu 靶 X 射线管，常常采用 Ni 片作为吸收片。相比较而言，晶体单色器的滤波作用要好于吸收片。因为可以通过调整单色器单晶体的安装方向，使其表面的晶面与试样衍射线的夹角恰好等于该晶面对 K_α 辐射的布拉格角，这样其他波长的辐射因无法满足单晶的衍射条件而不能通过，从而得到与试样衍射线对应的 K_α 衍射线，滤掉了由荧光 X 射线、大部分连续 X 射线产生的背底和 K_β 辐射衍射线。

计数器是 X 射线衍射仪数据采集系统的重要部件，它把 X 射线光子的能量转化为电脉冲信号。通常使用的是正比计数器、闪烁计数器、位敏正比探测器等。一般选用对各种 X 射线波长都具有非常高的量子效率，并且稳定性好、分辨时间短、寿命长的计数器。

系统控制装置一般包括数据采集系统、各种电气系统、保护系统。

（二）　X 射线物相分析样品制备

X 射线衍射仪可以用于金属、非金属、有机、无机、高分子材料的粉末、块状及薄膜样品测试。

对于粉末样品，一般定性分析时要求粒度在 $40\mu m$ 以下，以保证在 X 射线照射的范围内有足够量的晶粒数，从而使衍射强度值有很好的重现性，并抑制由于制样而引起的择优取向。而定量分析则要求粒度在 $0.5\sim10\mu m$ 范围内，以减弱甚至基本消除消光和微吸收效应对衍射强度的影响。晶粒过粗、过细都会存在一定的问题，例如晶粒太粗会使衍射信号的强度降低，获得的 XRD 数据信噪比差；晶粒过细则会引起衍射线宽化。一般可以使用玛瑙研钵对试样进行研磨。研磨前可以用酒精棉把所用的工具进行清洁，以免引入不必要的杂质。要达到合适的粒度，实验条件允许的情况下建议使用筛子过筛。定性分析对试样粒度的要求较宽松，实际工作中也可以用手捻摸磨好的粉末，以是否有颗粒感来粗略判断试样粒度是否合适。如果粉末试样是由不同硬度的成分组成的混合物，则要采取分步研磨、过筛的方式，最后再将磨好的试样混合在一起。对于块状或薄膜样品而言，基本要求是试样待测试的表面要达到光滑、平整。

判断制样成功的标准是试样光滑平整，以保证试样表面始终与聚焦圆相切，即保证聚焦圆的圆心永远位于试样表面的法线上，还要避免引入应力。粉末样品制样方法中，较为简单的是正压法。如果试样量比较充足，可以先用药匙把符合粒度要求的试样转移到衍射仪配备的金属或玻璃凹槽样品架的凹槽中，使粉末上表面略高于样品架面，先用干净的毛玻璃片的侧面轻轻将样品刹实，然后用毛玻璃片正面轻压，使试样表面平整，且与试样架上表面水平。如果试样量较少，则可以把试样均匀地洒在无反射硅片的表面，摊成一个平面即可。对于有织构的试样，可以采取侧装法。

对于体积较小、重量轻的块状试样，可以将要测试的表面向下，倒放在一个干净的平面上，然后用橡皮泥将试样与镂空样品架相连，翻转后试样的测试面朝上，橡皮泥不塌陷即可。要注意的是当使用含有晶相的橡皮泥时，制样后要仔细观察橡皮泥的位置，以保证测试过程中橡皮泥不会被 X 射线照射到。还要注意橡皮泥的承托力是有限的，当试样过重时，测试过程中橡皮泥可能会塌陷，甚至与样品架脱离，导致试样掉落。对于体积较大或者较重的块状试样，则要考虑对其进行切割或者使用特制的样品架。块状样品进行表面处理时要避免引入应变层。

（三） X 射线衍射物相分析参数的设置

X 射线衍射仪的工作参数一般包括扫描模式、扫描角度范围、步进宽度、扫描速度、管压和管流、狭缝等。

扫描模式一般有连续扫描和步进扫描两种。其中连续扫描的工作效率较高，适用于定性分析、定量分析等工作；采用步进扫描可以减小统计起伏的影响，更适用于精确测定衍射峰线形的工作，如点阵常数的测定、晶粒大小的分析以及不均匀应变的测定等。

对无机物进行物相分析时，如果使用的是 Cu 靶，2θ 扫描角度范围一般在 $3°\sim90°$，大多数情况下起始角度设为 $10°$ 即可；而对于有机物、高分子材料，常用的 2θ 扫描范围是 $2°\sim60°$。需要强调的是设置测试参数前，要了解仪器的参数设置限度，以避免损坏设备。

连续扫描模式下，一般步进宽度选取衍射峰半高宽的 1/5 到 1/10，实际做定性分析工作时，一般将步进宽度设为 $0.02°$，做精确测定衍射峰线形时，则一般将步进宽度设为 $0.005°\sim0.01°$。对于步进扫描模式，则要考虑接收狭缝的宽度，步进宽度至少不应该大于接收狭缝宽度所对应的角度；还要考虑所测的衍射线线形的尖锐程度，以免因步进宽度过大而降低了分辨率，甚至掩盖了衍射线剖面的细节。一般步进宽度不应大于最尖锐衍射峰峰半高宽的 1/2。

一般根据样品情况和测试目的来确定扫描速度，以保证获得足够数目的衍射峰，便于进行后续的 XRD 数据分析。

管压和管流的设置决定了 X 射线管的工作条件，影响获得的 X 射线的强度和单色性。通常使用的管压为最低激发电压的 3 倍左右，使特征 X 射线与连续 X 射线的强度之比最大，例如 Cu 靶的常用管压值是 40kV。增大管电流也可以增强 X 射线的强度，但要考虑 X 射线管的额定功率，一般 X 射线管的最大负荷不要超过其额定功率的 80%，以免减少其使用寿命。

发散狭缝、防散射狭缝、接收狭缝的设置一般要考虑试样的大小及计数器能接收的能量大小。狭缝越小，接收到的强度越低，但数据精确度越高。发散狭缝能够限制试样被 X 射线照射的面积，一般要保证整个测试过程中 X 射线都照射到了样品上，因此要根据具体试样的大小来选择合适的发散狭缝，并且选用与发散狭缝相同数值的防散射狭缝。需要注意的是存在多条互相重叠的衍射峰时，接收狭缝不宜过宽，以免降低衍射峰的分辨率。

三、实验设备与材料

① 岛津 XRD-7000 粉末衍射仪；

② 标准试样架、玛瑙研钵、毛玻璃片、橡皮泥、酒精棉、称量纸、药匙、镊子；

③ 测试样品（粉末样品、块状样品）。

四、实验步骤

① 事先熟悉 X 射线衍射仪的原理与结构；

② 研磨粉末样品到合适的粒度，对块状样品进行表面处理；

③ 粉末试样制样；

④ 块状试样制样；

⑤ 打开循环水冷机电源，注意观察温度和压力；

⑥ 打开 X 射线衍射仪主电源；

⑦ 将装有试样的标准试样架插入衍射仪主机样品座中，关上主机门；

⑧ 打开衍射仪控制电脑，打开相应测试程序，输入测试参数，开始扫描；

⑨ 测试完毕后更换下一个试样，重复步骤⑧；

⑩ 测试结束关闭测试程序，关闭电脑电源，关闭衍射仪主机电源；

⑪ 待 X 射线光管冷却后关闭循环水冷机电源。

五、实验报告要求

① 简述 X 射线衍射仪的工作原理；

② 简述制备 X 射线衍射物相分析用样品时的注意事项。

六、思考题

为了使 CuK_α 和 CuK_β 的强度比为 $100:1$（设原来 $IK_\alpha:IK_\beta \approx 5:1$），采用 Ni 滤片。

① 求滤片的厚度；

② 求此滤片对 CuK_α 谱线的透射系数。

実験9

物相的定性与定量分析

一、实验目的

① 熟悉用 XRD 方法进行物相定性、定量分析的基本原理；

② 掌握定性、定量分析方法；

③ 能够利用直接对比法计算钢中残余奥氏体含量。

二、实验原理与方法

任何晶态物质由于具有特定的点阵类型、晶胞大小、晶胞中原子（离子或分子）的数目及位置而拥有独特的晶体结构和化学组成，反映在 X 射线衍射（XRD）谱图上，就是一组在特定位置（2θ）出现的具有特定相对强度（I/I_1）的衍射线。根据 $d=\lambda/(2\sin\theta)$，可以计算出反映晶胞大小与特性的面间距 d，而相对强度可以反映质点的种类以及质点在晶胞中的位置。没有两种结晶物质会有完全相同的衍射花样，即每一种物相都有其特定的 d-I/I_1 值和衍射线数目。对于混合物而言，每种晶体物质的衍射花样互不干扰，混合物的衍射花样仅仅是该混合物中各物相衍射花样的机械叠加，因此有可能从混合物衍射花样中将各物相一一辨别出来。这是利用 XRD 进行物相定性分析的基础。

X 射线衍射定性分析的方法是将试样的 XRD 数据与多晶衍射数据库中的标准物相数据进行比对，来判断、分析试样中存在着哪些物相。目前最完备的多晶衍射数据库是粉末衍射标准联合委员会（JCPDS）编辑的《粉末衍射卡片集》（PDF 卡片）。一般 PDF 卡片会给出某种物相在数据库中的卡片编号、质量评定记号、结构式、化学式、CAS 编号、物理和化学数据、晶体学数据、测试条件、参考比强度、矿物学名称、该物质的衍射花样（包括面间距 d、相对强度 I/I_1、晶面指数 hkl 数据）、该卡片数据所对应的参考文献等信息（见图 9-1）。现在一般都是用 PDF 卡片检索软件（例如 PCPDFWIN、JADE 软件）进行计算机检索，计算机根据软件程序和设定的误差窗口，将实验数据与多晶衍射数据库中的数据进行检索、比对与匹配。

一般来说，分析未知试样的 XRD 谱图时，可以根据三个条件来判断一个物相是否存在：

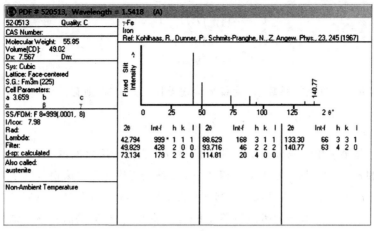

图 9-1 奥氏体的 PDF 卡片（PDF No. 52～0513）

首先看标准卡片中的峰位与测量峰的峰位是否匹配，即在标准卡片中出现的峰的位置，在试样 XRD 谱中必须有相应的峰与之相对应，不过要考虑择优取向问题。其次，标准卡片的峰强与试样峰的峰强要大致相同。第三个条件是要考虑结果的合理性与可能性，例如要考虑到组成元素，检索出的物相所包含的元素在试样中必须存在。在进行物相分析时，要注意四个问题：①d 值比相对强度值重要；②低角度数据比高角度数据重要；③强线比弱线重要；④要注意鉴定结果的合理性。

当未知物质为多相混合物（例如含有 n 个相）时，由于混合物的衍射花样是各组成物相衍射花样的机械叠加，因此每一个物相都会在衍射谱图中展示出其特有的一组衍射线条。但某一相含量过少时，其衍射线条在谱图中不能完全出现，甚至完全不出现。这时可以采用"浓缩"的方法，如电解脱溶法，将该物质"萃取"出来再进行物相分析。当混合物中某一相的含量超过一定值时，则混合物的衍射图中必然出现该相所特有的、至少包括所有较强的衍射线条。显然，若事先对所有单相物质测出其 d 值数列和相对强度，制成卡片（如 ASTM 卡片），在定性分析时便可与未知物质的衍射数据作比较。若某种物质卡片上的衍射线条的位置和相对强度与衍射谱线中的一些线条相符，则可初步确定混合物中含有此种物质。然后再将余下的线条和别的卡片对比，便可依次鉴定混合物中包含的各种相分。

对于一个由 n 个相组成的混合物试样，其第 j 相的衍射相对强度公式为：

$$I_j = (2\mu_l)^{-1} \left[\left(\frac{V}{V_C^2} \right) P |F|^2 L_P \mathrm{e}^{-2M} \right]_j \tag{9-1}$$

式中，$(2\mu_l)^{-1}$ 为对称衍射即入射角等于反射角时的吸收因子；μ_l 为试样平均线吸收系数；V 为试样被照射体积；V_C 为晶胞体积；P 为多重因子；$|F|^2$ 为结构因子；L_P 为角因子；e^{-2M} 为温度因子。其中 μ_l 随第 j 相含量的改变而改变，V_C、P、$|F|^2$、L_P、e^{-2M} 均为常数。

假定试样被照射体积 V 为单位体积 1，则第 j 相的体积分数 f_j 就是这一相被照射的体积 V_j。对于式（9-1），当混合物中第 j 相的含量改变时，除了 f_j、μ_l 外其他均为常数，我们将其乘积定义为强度因子 C_j，因此就可以得到第 j 相某根线条的强度 I_j 与强度因子 C_j、体积分数 f_j、试样平均线吸收系数 μ_l 的关系公式。

$$C_j = \left\{ \left(\frac{1}{V_C^2} \right) P \mid F \mid^2 L_P \mathrm{e}^{-2M} \right\}_j \tag{9-2}$$

$$I_j = (C_j f_j) / \overline{\mu}_l \tag{9-3}$$

用试样的平均质量吸收系数 $\overline{\mu}_m$ 代替平均线吸收系数 $\overline{\mu}_l$，则有：

$$I_j = (C_j w_j) / (\rho_j \overline{\mu}_m) \tag{9-4}$$

式（9-4）是第 j 相的积分强度与其质量分数、质量密度之间的关系公式。由上可知，用式（9-3）和式（9-4）即可根据某一相某一衍射线的强度计算出该相的相含量。

钢铁经淬火处理后通常由马氏体（M）和奥氏体（A）两相组成（有时还有少量碳化物相），其中马氏体是碳、合金元素溶解于 γ-Fe 中，保持着 γ-Fe 是面心立方结构；马氏体是碳溶解在 α-Fe 中的过饱和的固溶体，体心四方结构。淬火后的钢铁中存在的残余奥氏体不但使材料在磨削过程中产生磨削裂纹，还降低了材料的疲劳强度。不过利用残余奥氏体冲击韧性高的特点，可以将其作为韧性相，提高钢铁的强韧性。因此确定钢铁中残余奥氏体含量非常重要。而淬火钢的衍射图谱就由这些相组分的衍射峰组成。利用 X 射线衍射定量分析方法确定钢铁中残余奥氏体的含量相对快捷、方便，并且已制定了相应的行业标准。图 9-2 是马氏体和奥氏体的 XRD 衍射花样对比。

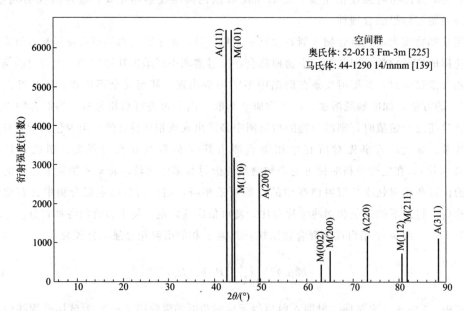

图 9-2　马氏体 $C_{0.055}Fe_{1.945}$ 和奥氏体 Fe 的 XRD 衍射花样对比（CuK$_{\alpha1}$ λ = 1.5406nm）

衍射峰的强度不仅决定于各个强度因子，同时还决定于该相组分在钢中所占的体积百分数 V，即

$$I = I_C C N^2 P L \mid F \mid^2 \mathrm{e}^{-2M} V \tag{9-5}$$

式中，C 为一常数。于是，对马氏体某一衍射线的衍射峰强度 I_M：

$$I_M = I_C C N_M^2 P_M L_M \mid F \mid_M^2 \mathrm{e}^{-2M} V_M \tag{9-6}$$

式中，V_M 为马氏体相的体积分数；N_M、P_M、L_M、$|F|^2_M$ 为马氏体相的参数；e^{-2M} 为温度因子。

对奥氏体某一衍射线的衍射峰强度 I_A：

$$I_A = I_C C N^2_A P_A L_A |F|^2_A e^{-2M} V_A \qquad (9\text{-}7)$$

式中，V_A 为奥氏体相的体积分数；N_A、P_A、L_A、$|F|^2_A$ 为奥氏体相的参数。

令式（9-6）、式（9-7）中

$$R_M = N^2_M P_M L_M |F|^2_M e^{-2M} \qquad (9\text{-}8)$$

$$R_A = N^2_A P_A L_A |F|^2_A e^{-2M} \qquad (9\text{-}9)$$

设 $V_A + V_M + V_C = 1$（V_C 为渗碳体相的体积分数），则可推得残余奥氏体的含量 V_A 为：

$$V_A = \frac{I_A(1-V_C)(R_M/R_A)}{I_M + I_A(R_M/R_A)} \qquad (9\text{-}10)$$

根据式（9-10）即可以计算出残余奥氏体的含量。

三、实验设备与材料

① 岛津 XRD-7000 衍射仪；

② 未知晶态试样（元素组成已知）；

③ 淬火钢样。

四、实验内容及步骤

（一）物相分析实验

① 制备表面平滑、无应变的试样。

② 设置扫描方式、扫描速度、起止角度、管电压、管电流、发散狭缝、防散射狭缝、接收狭缝等相关实验参数。

③ 采集试样的衍射数据。

④ 利用相关 XRD 分析软件得到各衍射线条对应的衍射角、晶面间距离、相对强度数据。

⑤ 检索物相。

⑥ 根据被测物质的元素组成与合成条件等判断其相组成。

（二）残余奥氏体含量测量实验

用衍射仪法测量残余奥氏体含量的基本程序是：测量一根马氏体和一根奥氏体的衍射

线条的累积强度 I_M 和 I_A，计算相应于该衍射线的常数 R_M 及 R_A，根据公式（9-10）计算残余奥氏体的含量 V_A。其具体步骤如下。

① 在衍射仪上对淬火钢样进行扫描，得到马氏体和奥氏体的衍射峰。常被选用的衍射峰为：马氏体的 $(211)_M$ 及奥氏体的 $(220)_A$ 和 $(311)_A$。选取两个奥氏体峰是为了取平均值，以提高精确度。这三个衍射峰的相对位置见图 9-2。

② 用相关分析软件得到各个峰在背底以上所包含的面积，即衍射线的相对累积强度 I_M 及 I_A。每个衍射峰应测量五次，取平均值。

③ 用查表和计算的方法求出各衍射线条所对应的强度常数 R_M（211）、R_A（220）及 R_A（311）。

④ 将上述各值代入公式（9-10），计算得到残余奥氏体的含量 V_A。

五、实验报告要求

① 试样及测试条件；
② 试样物相分析结果与依据；
③ 淬火钢样的残余奥氏体测算结果。

六、注意事项

① 建议进行 XRD 物相分析前先确定试样中所含元素。
② 注意 PDF 卡片上的质量评定记号。
③ XRD 物相分析具有一定的检出限。
④ 定量分析时要克服择优取向对衍射强度的影响。
⑤ 定量分析时一般用最强线，但要避免选择存在重叠或过分接近的线条。
⑥ 计算残余奥氏体含量时要考虑碳化物含量对结果的影响。
⑦ 马氏体与铁素体的衍射峰有重合，要结合金相、SEM（扫描电镜）、TEM（透射电镜）一起分析。

七、思考题

① 用 CuK_α 辐射获得某元素的粉末相 XRD 谱图，其在高角区衍射线的 $\sin^2\theta$ 值为 0.503、0.548、0.726、0.861、0.905，试标定各衍射线的指数。
② 用直接对比法测定淬火钢中残余奥氏体的含量，对试样表面有什么要求？

X 射线法宏观残余应力的测定

一、实验目的

① 了解 X 射线应力测定仪的基本结构特点和主要技术特性；

② 掌握 0-45°法及 $\sin^2 \Psi$ 法测定宏观残余应力。

二、实验原理与方法

（一） X 射线法测定宏观残余应力的原理

晶体材料内的宏观残余应力将引起晶面间距有规律的变化，在 X 射线衍射实验中，晶面间距的变化就反映为衍射角的改变。X 射线应力测定就是通过测量衍射角 2θ 相对于晶面方位的变化率来计算材料表面的残余应力。

用 X 射线法测量宏观应力，一般是在平面应力状态的假设下进行的。即垂直表面正应力 σ_{33} 及切应力 σ_{13}、σ_{23} 均为零，这时与主应力成任意 φ 方向上的应力 σ_{φ} 为：

$$\sigma_{\varphi} = \frac{E}{2(1+\upsilon)}(\cot\theta_0)\frac{\partial(2\theta)}{\partial\sin^2\varphi} = kM \qquad (10\text{-}1)$$

式中，$k = \dfrac{E}{2(1+\upsilon)}(\cot\theta_0)$ 为材料常数，随被测材料、衍射晶面而变化；$M = \dfrac{\partial(2\theta)}{\partial\sin^2\varphi}$ 为 2θ 对 $\sin^2\varphi$ 的斜率；φ 变动平面与试样表面的交线即为所测应力方向。若所测 $2\theta\text{-}\sin^2\varphi$ 关系非线性，说明垂直于表面应力 σ_{33}、σ_{13} 或 σ_{23} 不为零。若试样中存在织构，也将出现非线性。为获得一系列已知的 Ψ 方向，可选取不同的入射方式，即固定 Ψ_0 法、固定 Ψ 法及侧倾法。

（二） X 射线应力测定仪的特点

X 射线应力测定仪实际上是一台衍射仪，包括 X 射线源、入射光阑和衍射光阑系统、测角仪、实验台和记录系统。作为测量宏观应力的专用设备，有如下特点。

1. 测角仪

应力仪的测角仪在通常状态下是垂直的，即衍射仪平面垂直于水平面。它用立柱和横梁支撑，伸出在主机体外，可在一定的范围内升降和转动，还可得到一定的仰角或俯角，以适应测量实际工件的需要。测角仪上装有计数管座、X射线管座、扫描变速机构、标距杆座及光阑（图 10-1 以岛津 XRD-6100 为例阐述应力仪的一般构造）。应力仪测角仪的衍射几何特点与一般衍射仪的不同之处主要体现在应力仪采用平行光束法而非聚焦法，即在入射光路与衍射光路之间，安装了一个管片垂直于测角仪圆的索拉狭缝，该索拉狭缝可以将发散光束转变为平行光束，再入射到样品上。平行光束法允许试样表面位置有较大的偏差而不造成衍射角的明显偏离，这对试样不是装在测角仪的标准位置上的情况是很必要的。一般认为试样位置±3mm 以内的偏差不影响 2θ 的变化值。

2. 测量位置变动机构

此部分使测角仪上下移动、绕立柱旋转、改变 X 射线入射角和使测角头倾斜，这是一些机械构件，可参见图 10-1，由左到右依次为 Cr 靶、应力专用发射狭缝、V 滤光片和 A4 狭缝、样品台、应力专用接收狭缝。

图 10-1　岛津 XRD-6100 标准配置

（三）　X 射线应力仪的测试步骤

残余应力测试有相关标准，例如我国的 GB/T 7704—2017，日本的 JSMS-SD-14-20，欧盟的 EN15305-2008 和美国的 ASTM E915-10 等。

1. 试样的准备（表面处理）

X 射线的有效穿透深度在 $10\mu m$ 的数量级，因而试样表面的处理对测量结果影响很大。试样表面应去除油污和氧化层，再用电解抛光或化学腐蚀方法将表面加工层去掉，然后在测点做好标记。

2. 选用适当的光管

选择光管的原则与衍射仪相同。但要特别注意被测晶面须在应力仪限定的 2θ 角度区间有足够强且互不重叠的衍射峰。在某些情况下可选用 K_β 线的衍射峰。对于特定的晶面,根据布拉格方程可知,选择合适的辐射波长,可以使该晶面的衍射峰出现在高角度区。同时,辐射波长越短,X 射线对物体穿透得越深,从而使参与衍射的晶粒数增多,测试结果更加可靠。

3. 试样安置

首先确定试样的测试点位置,应保证待测应力的方向处于 Ψ 平面内,测试点在测角仪的回转中心,当测角仪 Ψ 为零度时,入射线与衍射线的中线应当与测试点表面垂直。将准备好的试样测试面朝上放在测角仪下,使应力测量方向平面与计数管扫描平面平行(同倾法)或垂直(侧倾法)。注意试样要轻拿轻放。

4. 测试角度的选择

残余应力测试一般应当取高角度进行,这主要是因为残余应力的测试是基于晶面间距的测量,而在高角度区,面间距的测量结果较为准确,这有利于减小测量误差,选择高角度测量还有利于减小仪器的机械调整误差等。

5. Ψ 角度的设置

对于没有明显织构,并且衍射强度较高的试样,一般在每个 φ 角下设置两个 Ψ 角即可,这就是典型的 0-45°法,这种测试方法既保证了一定的测量精度,又可以提高测试速度。一般情况下,在每个 φ 角下,Ψ 角设得越多,则测试精度越高。如果 $\varepsilon_{\varphi\Psi}$ 与 $\sin^2\Psi$ 为线形关系,最少设置 4 个 Ψ 角,如分别取 0°、25°、35°、45°。如果 $\varepsilon_{\varphi\Psi}$ 与 $\sin^2\Psi$ 不为线形关系,则 Ψ 角越多越好,Ψ 角间隔的划分原则为尽可能确保各个 $\sin^2\Psi$ 的值是等间隔的。例如分别取 Ψ 为 0°、18.43°、26.57°、33.21°、39.23°、45.00°、50.77°,这些角度值对应的 $\sin^2\Psi$ 值分别为 0、0.1、0.2、0.3、0.4、0.5、0.6。

6. 一般应力仪的操作步骤

① 接通应力仪的总电源;
② 接通 X 射线管循环冷却水;
③ 打开设备操作软件,设置相应测试参数;
④ 开始测试并收集记录数据。

三、实验设备与材料

① 岛津 XRD-6100 应力仪;
② 金属应力样品。

四、实验步骤

① 采用 0-45°法及 $\sin^2 \Psi$ 法对试样表面确定的方向进行测试；

② 用半高宽法确定衍射峰位；

③ 用最小二乘法计算宏观残余应力；

④ 重复测试一次。

五、实验报告要求

① 简述宏观残余应力测定的基本原理及 X 射线应力测试仪的衍射几何特点；

② 阐述测试条件、数据及用 0-45°法与 $\sin^2 \Psi$ 法计算的过程与结果。

六、思考题

欲测定纯镍试杆的宏观应力，试根据镍的点阵常数和应力仪的测角范围（2θ：143°～165°）选择适当的靶和晶面；当试杆中残余应力为 $-40kg/mm$ 时，在固定 Ψ_0 法测量条件下，$\Delta 2\theta$（0-45°法）为多少？

扫描电镜和能谱仪的原理及应用

一、实验目的

① 了解扫描电镜的基本结构与原理；

② 掌握扫描电镜样品的准备与制备方法；

③ 掌握扫描电镜的基本操作并上机操作；

④ 了解扫描电镜图像衬度原理及其应用。

二、实验原理与方法

（一）扫描电镜成像和能谱仪原理

扫描电镜（SEM）利用细聚焦电子束在试样表面逐点扫描，与样品相互作用而产生各种物理信号，这些信号经检测器接收、放大并转换成调制信号，最后在荧光屏上显示反映样品表面各种特征的图像。扫描电镜具有景深大、图像立体感强、放大倍数范围大、样品制备简单等优点，是进行样品表面研究的有效分析工具。扫描电镜主要包括电子光学系统、扫描系统（探测器）、信号检测放大系统、显示和控制系统、真空系统和电路系统六大部分，见图 11-1。

电子光学系统由电子枪、聚光镜、物镜和扫描（偏转）线圈等部件组成，见图 11-2。它的作用是将来自电子枪的电子束聚焦成亮度高、直径小的入射束来轰击样品，使样品产生各种物理信号。电子枪是产生电子的装置，位于扫描电子显微镜的最上部，电磁透镜作为聚光镜把电子枪产生的束斑逐级聚焦缩小，照射到样品上的电子束越小，就相当于成像单元的尺寸越小，分辨率越高。扫描线圈的作用使是电子束偏转，并在样品表面做有规律的扫动。

扫描电镜的主要成像信号是二次电子、背散射电子或特征 X 射线，其中二次电子是最主要的成像信号。

二次电子信号来自样品表面层 5～10nm，信号的强度对试样表面状态非常敏感，能有效地显示试样表面的形貌衬度。二次电子像的分辨率较高，一般约在 3～6nm，配备场发射电

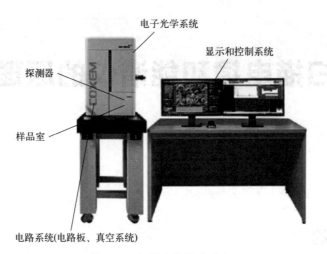

电子光学系统

显示和控制系统

探测器

样品室

电路系统(电路板、真空系统)

图 11-1　扫描电镜构造示意

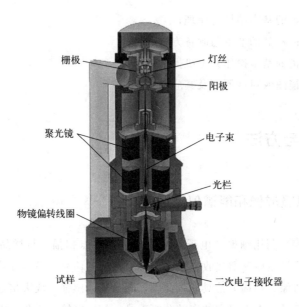

栅极

灯丝

阳极

聚光镜

电子束

光栏

物镜偏转线圈

试样

二次电子接收器

图 11-2　扫描电镜的电子光学系统

子枪的扫描电镜分辨率更高，为 $1\sim2nm$。其分辨率的高低主要取决于束斑直径，而实际上真正的分辨率与样品本身的性质以及电镜的操作条件等因素有关。

背散射电子的产生范围在 $50\sim300nm$ 深度。背散射电子的信号强度随原子序数的增加而增加。背散射电子束成像分辨率一般为 $50\sim200nm$（与电子束斑直径相当）。背散射电子可以用来显示原子序数衬度，定性进行成分分析。

（二）能谱仪的分析方法

能谱仪具有三种基本工作方式：点分析用于选定点的全谱定性分析或定量分析；线分析用于显示元素沿选定直线方向上的浓度变化；面分析用于观察元素在选定微区内浓度分布。

原子序数衬度是利用对样品表层微区原子序数或化学成分变化敏感的物理信号，如背散射电子，作为调制信号而形成的一种能反映微区化学成分差别的像衬度。因微区化学成分不同，激发出的背散射电子数量也不同，致使扫描电子显微图像上出现亮度上的差别，从亮度上的差别，结合样品的原始资料，可定性地鉴别微区物相的类型。

本实验结合具体样品，对因原子序数差别形成的衬度进行观察。

（三）扫描电镜样品制备

扫描电镜分析用样品主要有粉末样品、固体样品、生物样品等。样品形态不同，则样品制备方法也不同。对于新鲜的金属断口样品不需要做任何处理，可直接进行观察；样品表面附着有灰尘和油污，可用有机溶剂（乙醇或丙酮）在超声波清洗器中清洗；样品表面锈蚀或严重氧化，采用化学清洗或电解的方法处理；对于不导电的样品，观察前需在表面喷镀一层导电金属或碳，镀膜厚度控制在 5～10nm 为宜。粉末样品：将样品均匀洒落在贴有双面胶带的样品台上，用吸耳球吹去未粘牢的颗粒，非导电样品需要喷镀金或铂导电层。

因大多数高分子样品和陶瓷样品的导电性较差，为减小荷电效应，可对样品表面镀导电膜。在观察时尽量选取较低的加速电压、较小的束流，并适当加快扫描速度。

本实验结合具体样品，选取合适的实验条件，对高分子材料样品和陶瓷材料样品的表面进行观察。

1. 实验条件

样品表面要求平整，必须进行抛光；样品应具有良好的导电性，对于不导电的样品，表面需喷镀一层不含分析元素的薄膜。

加速电压：电子枪的加速电压一般为 3～50kV，分析过程中加速电压的选择应考虑待分析元素及其谱线的类别。原则上，加速电压一定要大于被分析元素的临界激发电压，一般选择加速电压为分析元素临界激发电压的 2～3 倍。

电子束流：特征 X 射线的强度与入射电子束流成线性关系，为提高 X 射线的特征强度，必须使用较大的入射电子束流。

2. 定点分析

将电子束固定在需要分析的微区上，从荧光屏上可得到微区内全部元素的谱线。在分析精度要求不高的情况下，可以进行半定量计算。依据的是元素的特征 X 射线强度与元素在样品中的浓度成正比的假设条件，忽略原子序数效应、吸收效应和荧光效应对特征 X 射线强度的影响。在一般情况下，半定量分析可能存在较大误差。在定量分析计算时，对接收到的特征 X 射线信号强度必须进行原子序数修正（Z）、吸收修正（A）和荧光修正（F），这种修正方法称为 ZAF 修正。采用 ZAF 进行修正，相对精度可达 1%～2%，但对轻元素，往往误差较大。

3. 线分析

使入射电子束在样品表面沿选定直线扫描，能谱仪固定接收某一元素的特征 X 射线信号，其强度在这一直线上的变化可以反映被测元素在此直线上的浓度分布。线分析方法较适合于分析各类界面附近的成分分布和元素扩散。

4. 面分析

使入射电子束在样品表面选定的微区内作光栅扫描，能谱仪固定接收某一元素的特征 X 射线信号，并以此调制荧光屏的亮度，可获得样品微区内被测元素的分布状态。元素的面分布图像可以清晰地显示与基体成分存在差别的第二相和夹杂物，能够定性地显示微区内某元素的偏析情况。

三、实验设备与样品

① COXEM 扫描电镜；
② 真空镀膜仪；
③ 样品：低碳钢和铸铁的拉伸断口、陶瓷样品的弯曲断口、退火态 45♯钢金相样品、锡铅合金金相样品、二氧化钛纳米球等。

四、实验步骤

（1）制备样品

对金属等样品，直接将其用导电胶固定于样品台上，非导电样品要使用真空镀膜仪在样品表面喷金。

（2）开机操作

① 打开电镜和计算机开关；
② 打开 NannoStation3.4 软件（NS3.4）；
③ 点击电镜软件操作界面上的 Vacuum ON 按钮，放真空；
④ 确认样品放在样品台上的高度为 7～13mm，能谱分析最佳高度为 12mm；
⑤ 待电镜最底部的蓝色指示灯熄灭时，打开舱门，放入样品；
⑥ 点击电镜软件操作界面上的 Vacuum OFF 按钮，抽真空；
⑦ 检查真空读数，待电镜上的蓝色指示灯全部亮起时，真空就绪；
⑧ 点击 E-Gun off，开启高压；
⑨ 点击样品位置，移动样品台，使样品处于成像位置；
⑩ 使用鼠标中轮滑动调节聚焦、像散等参数，从低倍到高倍成像；
⑪ 如果要检测成分，打开能谱软件，选定需要测试成分的位置，进行分析。

（3）关机操作

① 点击 E-Gun on，关闭高压；

② 点击 Vacuum ON 按钮，放真空，待放完真空后打开舱门，取出样品；

③ 点击 Vacuum OFF 按钮，抽真空，待真空就绪，关闭 NannoStation3.4 软件（NS3.4）；

④ 关闭电脑及电镜。

五、实验报告要求

① 简述扫描电镜的构造及工作原理。

② 简述韧性断口、解理断口、沿晶断口、疲劳断口的形貌特征。

③ 简述使用扫描电镜对高分子和陶瓷样品进行观察时的要点。

④ 简述能谱仪的工作原理及分析方法。

六、思考题

① 通过实验你体会扫描电镜有哪些特点？

② 与金相显微镜比较，各自在材料研究中的作用和特点。

③ 如果要分析晶界上或晶粒内部不同种类的析出相，应该利用二次电子像还是原子序数衬度？

透射电镜样品的制备

一、实验目的

① 熟悉透射电镜制样设备的工作原理和操作方法。

② 掌握透射电镜制样的步骤和流程，制备合格的透射电镜样品。

二、实验原理与方法

透射电子显微镜（TEM）利用穿透样品的电子束成像，这就要求被观察的样品对入射电子束是"透明的"。电子束穿透固体样品的能力，主要取决于加速电压和样品物质原子序数。加速电压越高，样品原子序数越低，电子束可以穿透样品的厚度就越大。对于透射电子显微镜，常用的加速电压为100kV，如果样品是金属，且其平均原子序数在Cr的原子序数附近，适宜的样品厚度约200nm。为了在透射电镜下观察材料的组织，对于不同的材料，要采用不同的制样方法。

（一）粉末样品的制备

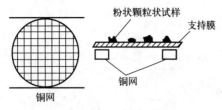

图 12-1　粉末放置于支持膜的方法

粉末样品一般为微、纳米级的颗粒，不能直接用 TEM 观察，一般用铜网来承载。对于细小的粉末或颗粒，因不能直接用 TEM 样品铜网来承载，需在铜网上预先黏附一层连续而且很薄（20～30nm）的支持膜，细小的粉末样品放置于支持膜上而不致从铜网孔漏掉，才可放到 TEM 中观察，如图 12-1 所示。

使用较多的支持膜是火棉胶-碳复合支持膜。支持膜的类型主要包括喷碳支持膜、微栅膜和超薄碳膜，如图 12-2 所示。

为了得到最佳的粉末样品 TEM 观察效果，可以根据样品的材料性质、样品观察需求选择适合粉末样品观察的铜网支持膜类型。

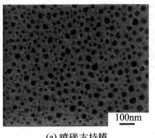
(a) 喷碳支持膜

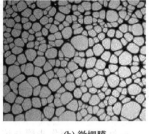
(b) 微栅膜

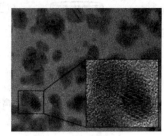
(c) 超薄碳膜

图 12-2　支持膜的类型

（二）薄膜样品的制备

用于透射电子显微镜观察试样的要求是：它的上下底面应该大致平行，厚度应在 50～500nm，表面清洁。

1. 直接制成薄膜样品

直接制成可供 TEM 观察的薄膜样品有多种方法，如真空镀膜、磁控溅射、溶液凝固等，得到的薄膜厚度小于 500nm，放在铜网上，用于 TEM 观察。

2. 大块样品制成薄膜

由块体材料制成对电子束透明的薄膜样品，一般需要经历以下三个步骤。

① 利用砂轮片、金属丝或用电火花切割方法切取厚度小于 0.5mm 的"薄块"。对于陶瓷等绝缘体则需用金刚石砂轮片切割。

② 用金相砂纸研磨或采取化学抛光方法，把薄块预减薄成 0.05～0.1mm 的薄片。

③ 用超薄切片（生物样品）、电解双喷（金属材料）和离子减薄（金属、无机非金属材料）等进行最终减薄获得厚度小于 500nm 的"薄膜"。

脆性材料如陶瓷、半导体等制备时，材料容易开裂，磨样时动作要轻，避免样品损坏，切割一般采用超声切割的方式，具体步骤与流程见图 12-3，首先切割出直径 3mm 的薄片，单面抛光至 80μm，再用凹坑仪把圆片中间部位磨至 10～30μm，在离子减薄仪上用离子束轰击中间部位，最终样品中间穿孔，穿孔边缘很薄，对电子束透明。

为了加快减薄速度，可采用凹坑仪或离子减薄仪。

凹坑仪的工作原理是利用研磨轮携带的研磨膏颗粒对样品中央部位凹坑研磨，使样品中央部位磨成一个凹坑，如图 12-4 所示。

离子减薄仪工作原理：稀薄气体氩气在高压电场作用下辉光放电产生氩离子，氩离子穿过盘状阴极中心孔时受到加速与聚焦，高速运动的离子射向装有样品的阴极，将样品上的原子打出而减薄样品，结构装置如图 12-5 所示。

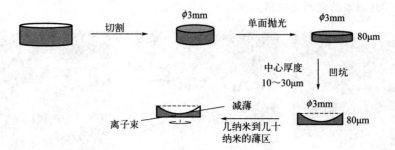

图 12-3　脆性样品的制作步骤与流程

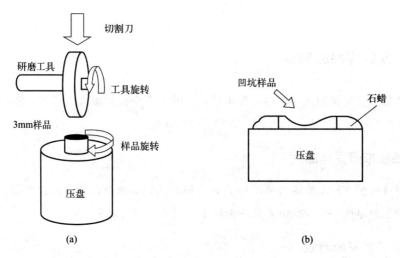

(a)　　　　　　　　　　　　　(b)

图 12-4　凹坑研磨过程

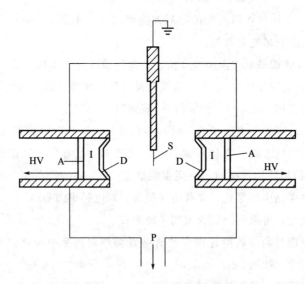

图 12-5　离子轰击减薄装置结构
S—试样；I—电离室；A—离子枪阳极；D—离子枪阴极；P—泵系统；HV—高压

（三）金属样品的制备步骤与流程

金属材料延展性好，磨样时相对容易，磨制一定薄度后用冲片器冲压即可。金属样品可以用离子减薄法来制备透射电镜样品，也可使用电解抛光法，最常用的是双喷电解减薄法。

双喷电解减薄仪的工作原理如图12-6所示，样品在阳极，阴极装在两侧喷嘴中，电解液在马达的作用下被不断喷到样品两侧中间位置，对其产生电化学腐蚀作用，该区域不断减薄，形成薄区，一旦样品中间发生穿孔，光敏管立刻发出信号切断电源。与离子减薄法相比，电解减薄效率高，但需要选择合适的电解液和工艺，参考表12-1。

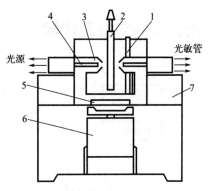

图 12-6　磁力驱动双喷电解
减薄装置原理

1—阴极；2—样品夹座（阳极）；3—喷嘴；
4—导光管；5—转子；6—马达；7—冷却管

表 12-1　某些金属和合金双喷电解减薄技术条件

材料	技术条件
铝和铝合金	$10\%HClO_4+90\%CH_3OH$，20V，<20℃
碳钢和低合金钢	$5\%HClO_4+95\%$酒精，75～100V，－(20～30)℃
铜和铜合金	$5\%HClO_4+95\%$酒精，50～75V，<－30℃
镍合金钢	$5\%HClO_4+95\%$酒精，75～100V，－(15～30)℃

（四）高分子块体制备薄膜样品

用超薄切片机可获得50nm左右的薄试样。这种方法已广泛应用于生物样品和高分子样品的制备。

三、实验设备与材料

① GATAN 691 离子减薄仪；

② Model 200 凹坑仪；

③ MTP-1 双喷减薄仪；

④ 实验耗材：热熔胶，双喷电解液，氩气，高氯酸，酒精，液氮；

⑤ 样品：纳米球，TC4 钛合金等。

四、实验内容及步骤

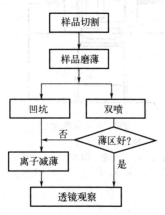

图 12-7　薄膜样品制备流程

（1）粉末样品的制备

取少许粉末样品，置于无水乙醇或其他溶剂中，超声分散 $3\sim15min$，用移液枪将溶液滴于支持膜上，干燥后进行 TEM 观察。

（2）薄膜样品的制备

① 样品切成厚度小于 0.5mm 的"薄块"。

② 用砂纸磨到 $0.04\sim0.1mm$ 的薄片，用冲压机冲成直径 3mm 的圆片，按照图 12-7 所示流程进行操作。

③ 采用粒度为 $5\mu m$ 的金刚石研磨膏，在凹坑研磨仪上对试样面进行研磨。磨盘和与试样垂直的样品台同时转动，在样品表面研磨出一个圆形的凹坑，最终使凹坑中央的试样厚度小于 $40\mu m$。把样品装到离子减薄仪上，将样品原子打出而减薄样品。

④ 对于金属样品，也可采用双喷减薄仪。

五、注意事项

1.样品制备需满足要求

① 样品厚度须合适。样品截面尺寸一般不超过 $100\mu m$，薄区厚度须足够薄，通常 $100\sim200nm$ 为宜，高分辨晶格分析需达 $20\sim40nm$。过厚的样品将导致电子束无法穿透。

② 避免含挥发性物质。样品内部必须充分去除挥发性物质如溶剂，否则在高真空环境下由于快速挥发将导致样品开裂，对图像结果造成干扰。

③ 具有足够强度。样品须具备必要的抗电子损伤能力，由于电子束能量很高，软质样品如有机物等易于造成局部区域损伤，导致微区结构破坏。

④ 样品应保持清洁。避免含有污染成分，否则在高放大倍率下，微小的污染物也会对图像结果造成严重干扰。

2.设备操作需按操作规范

（1）凹坑仪使用注意事项

① 样品最厚不得超过 $550\mu m$；

② 凹坑过程试样需要精确对中，以免凹坑磨偏；

③ 压下研磨轮时，研磨轮台面不要撞击传感器；

④ 研磨、抛光过程中尽量减少周边震动；

⑤ 注意不要用溶剂冲洗磨轮轴，避免将微粒或抛光膏冲到轮轴组件中，导致磨损；

⑥ 凹坑过程试样需要精确对中，先粗磨，后细磨、抛光，磨轮负载要适中，否则试样易破碎；

⑦ 凹坑完毕后，凹坑仪的磨轮和转轴要清洗干净；

⑧ 凹坑完毕的试样需放在丙酮中浸泡、清洗，然后晾干。

（2）双喷减薄仪使用注意事项

① 电解减薄所用的电解液有很强腐蚀性，不要让电解液碰到皮肤；

② 添加液氮时，要防止冻伤；

③ 样品穿孔后，要迅速停止机器，取出减薄样品，以免薄区被破坏；

④ 取出的样品要立即放入无水乙醇中漂洗干净，以免氧化。

（3）离子减薄仪使用注意事项

① 确认 Ar 气钢瓶内尚有 Ar 气体，Ar 气钢瓶减压阀压力为 0.18MPa；

② 离子减薄仪工作 1h 后要停止一下，休息 10min 后再使用；

③ 更换样品时，要看到样品座完全升起后，才可按 VENT；

④ 使用不同样品台要设置不同模式，以免样品台损坏；

⑤ 进行离子减薄的试样在装上样品台和从样品台取下这两个过程中，需要按照步骤，非常小心和细致地操作，以免导致试样折皱或破碎。

六、实验报告要求

① 制备粉末样品在透射电镜下进行观察，是否颗粒分散均匀。

② 制备薄膜样品在透射电镜下进行观察，是否有薄区。

七、思考题

① 透射电镜对样品的要求有哪些？

② 简述透射电镜样品的制备方法。

透射电镜的成像与应用

一、实验目的

① 了解透射电镜的结构与功能。

② 熟悉透射电镜的成像操作和原理。

③ 掌握衍射花样的标定方法。

二、实验原理与方法

透射电镜成像是样品对入射电子的散射，包括弹性散射和非弹性散射两个过程。薄样品成像时，未经散射的电子构成背景，而像衬度则取决于样品各部分对电子的不同散射特性。采用不同的实验条件可以得到不同的衬度像。透射电镜不仅能显示样品的显微组织形貌，而且可以利用电子衍射效应同时获得样品的晶体学信息。电子衍射主要是电子束在晶体中散射，只在满足布拉格定律方向上有相互加强的衍射束出射。

（一）透射电镜成像模式

透射电镜成像模式包括形貌像模式和衍射模式。其中形貌像模式是提高中间镜电流，中间镜的物平面与物镜的像平面重合。衍射模式是降低中间镜电流，中间镜的物平面与物镜的背焦面重合，如图 13-1 所示。

成像放大系统原理图见图 13-2。在成像系统中，物镜直接决定了透射电镜的分辨率，它承担物到像的转换并放大的作用，既要求像差尽可能小又要求高的放大倍数，物镜放大倍率数值在 50～100 范围；物镜主要起着聚焦的作用，它的电流是由中间镜的电流所决定的，不是独立变量。中间镜是弱激磁长焦距可变倍率透镜，作用是把物镜形成的一次中间像或衍射谱投射到投影镜的物平面上，中间镜放大倍率数值在 0～20 范围。投影镜是短焦距强磁透镜，它的激磁电流是固定的，它把经中间镜形成的二次中间像及衍射谱投影到荧光屏上，形成最终放大的电子像及衍射谱，投影镜放大倍率数值在 100～150 范围。透射电镜的总放大倍率为物镜、中间镜、投影镜放大倍率的乘积，总放大倍率在 1000 以上连续变化。

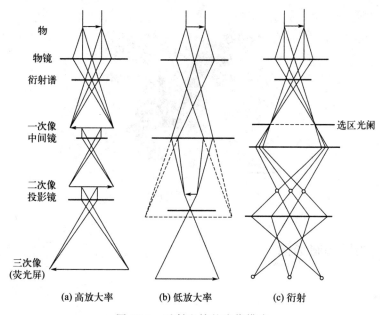

图 13-1　透射电镜的成像模式

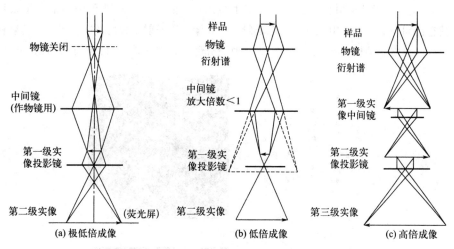

图 13-2　成像放大系统原理

（二）质厚衬度像

当观察非晶样品时，例如金属或无机材料的表面复型，微小物体或颗粒、生物组织超薄切片或冰冻刻蚀的复型，样品中质量厚度大的区域对入射电子散射强，致使通过物镜光阑孔参与成像的电子减少，相应在荧光屏或底片上形成较暗的区域。这种由于样品微区质量厚度的差异造成的图像上对应区域光强度的变化，为样品质厚衬度像。物镜光阑越小，电压越小，衬度越大，可以显示样品微区的形貌特征，适用于金相组织、断口分析和生物组织研究。实验时利用小孔径物镜光阑、样品经重金属投影或染色，可有效地改善像衬度。图 13-3 为质厚衬度像。

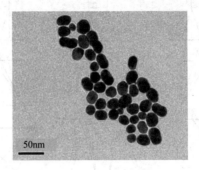

图 13-3　质厚衬度像

（三）明场像和暗场像

1. 明场像

用物镜光阑挡住衍射束，只让透射束穿过光阑孔成像，称为衍射衬度明场像。观察显微组织像时，首先要转到衍射模式，在荧光屏上得到衍射花样。衍射花样中的中心斑点叫透射斑点，其它都叫衍射斑点。用光阑孔选取透射斑点成像，用透射束成的像叫明场像，衍射衬度通常是单束成像衬度。拍摄显微组织像时，光线要充分散开，亮度要均匀。图 13-4 （a）为明场像。

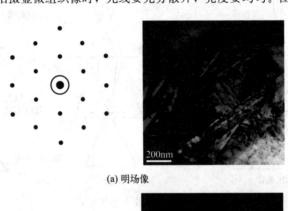

(a) 明场像

(b) 暗场像

图 13-4　明场像和暗场像
● 透射波　• 衍射波

2. 暗场像

用衍射束的任何一束成的像都叫暗场像，把想要成像的衍射束调到光轴上成的像叫中心暗场像。中心暗场具有比离轴暗场更好的图像质量，它是通过入射电子倾斜来实现的，使作为操作反射的衍射束平行于透射电镜光轴，从而减少各类像差的影响。图 13-4（b）为暗场像。

3. 中心暗场像

先对样品作选区衍射，倾斜样品使除透射斑外，只有某一衍射斑最亮（双光束条件），调整照明电子束倾斜，移动衍射斑到原亮透射斑处。与原亮斑对称的弱斑被挪到光轴上，而且变亮，只让该衍射束穿过物镜光阑孔成像。利用特定的衍射束做衍射衬度中心暗场像是分析复杂衍射图，显示各单相晶体学特性的有效方法之一，采用中心暗场像操作方式像差小。

（四）相位衬度像（高分辨像）

高分辨成像利用透射电镜高分辨像、高放大倍率的特性，选用大孔径物镜光阑，让样品透射束和周围一个或多个衍射束通过，发生相互干涉，形成相位衬度像。晶面间距 $d<1nm$ 的微晶结构，相位衬度成像得到晶格条纹像，或者得到与样品单胞结构相对应的晶体结构像，即分子像或原子像。高分辨型透射电镜在电子源稳定性、相干性、物镜球差系数等方面

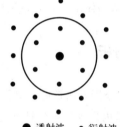

● 透射波　　• 衍射波

图 13-5　高分辨像（相位衬度像）

都满足高分辨成像要求。为了观察某一给定的尺寸细节，在电子束合轴基础上寻找样品小于 10nm 的薄区，校正像散，精确调整样品取向，选择合适离焦量进行拍照。高分辨像有时由于衬度不够而影响清晰度，还要通过计算机进行图像处理，去除噪声增强。图 13-5 为高分辨像（相位衬度像）。

（五）选区电子衍射和微衍射

通常衍射衬度明、暗场成像分析总是与选区电子衍射结合来确定物相的显微形态、点阵类型和参数。利用选区电子衍射得到样品某个微区的晶体学信息，在成像方式时，推入位于物镜像面上的选区光阑，对样品欲产生衍射的微区进行选择并限制大小，精确调节光阑面与物镜像面重合，而后转到衍射方式，拉出物镜光阑，在荧光屏上即可获得反映样品微区晶体学特征的选区电子衍射花样。图 13-6 为典型的选区电子衍射花样。

（六）衍射花样的标定

（1）多晶衍射花样的标定

对多晶试样，确定各个产生衍射环的晶面组（*hkl*）常数。

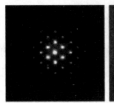 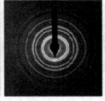  

(a) 单晶电子衍射谱   (b) 多晶电子衍射谱   (c) 复杂衍射谱   (d) 非晶衍射谱

图 13-6　典型的选区电子衍射花样

（2）单晶衍射花样的标定

对单晶试样，确定其衍射斑点的晶面组（hkl）和它们的晶带轴 [uvw] 指数，具体有以下 4 种方法。

① 标准图谱对照法；

② 衍射斑点特征平行四边形查表法；

③ 尝试校核法（已知晶体结构时，根据面间距和面夹角计算）；

④ 比值规律法（已知晶体结构时，根据衍射斑点的矢径比值或 N_i 值序列的 R_i 比值）。

（七）能谱成分分析

X 射线能谱（EDS）分析方法是电子显微学方法中最重要的分析技术之一。原子内壳层电子被激发后，电子轨道内出现的空位被外壳层轨道的电子填入时，部分多余能量以特征 X 射线的形式放出。这些特征 X 射线按能量展开成谱，就称为 X 射线能量色散谱（EDS），简称 X 射线能谱。特征 X 射线具有元素固有的特征能量，将它们展开成谱后，根据其能量值就可以确定元素的种类，而且根据谱的强度分析可以确定其含量。一般说来，随着原子序数的增加，X 射线产生的概率（荧光产额）增大。因此在分析试样中的微量杂质元素时，X 射线能量色散谱法对重元素的分析特别有效。

三、实验设备与材料

① JEM2100F 透射电子显微镜，单倾和双倾样品台（如图 13-7 所示）；

② 耗材：铜网支持膜；

③ 合金的薄膜 TEM 样品，纳米粉末等。

(a) 单倾样品台   (b) 双倾样品台

图 13-7　样品台类型

四、实验步骤

（一）放样

① 使样品牢固夹持在样品座中，并保持良好的热、电接触，减小因电子照射引起热或电荷堆积而产生样品损伤或图像漂移。

② 在两垂直方向平移最大值为±1mm，以确保样品大部分区域都能观察，且移动机构要有足够精度。

③ 分析薄样品组织、结构时，要进行三维立体观察，须使之对电子束照射方向倾斜，以便从不同方位获得各种形貌和晶体学衍射的信息。

（二）透射电镜合轴操作

主要包括：电子枪的对中、聚光镜的合轴调整、聚光镜消像散、物镜电压中心调整、物镜消像散、中间镜消像散、投影镜合轴调整、试样高度调整、物镜聚焦调整。

（三）观察

合轴后，可通过透射电镜观察到以下内容。

1. 显微组织像

观察显微组织像时，首先要转到衍射模式，在荧光屏上得到衍射花样。衍射花样中的中心斑点称作透射斑点，其它斑点称作衍射斑点。用光阑孔选取透射斑点或者所需要的某个衍射斑点来成像。衍射衬度通常是单束成像衬度。用透射束成的像叫明场像，用衍射束的任何一束成的像都叫暗场像。把想要成像的衍射束调到光轴上成的像叫中心暗场像。拍摄显微组织像时，光线要充分散开，亮度要均匀。

2. 透射电镜衍射的菊池花样

电子束入射到试样中之后，与物质原子相互作用，发生非弹性不相干散射，这些被散射的电子随后入射到一定晶面，当满足布拉格定律时，便产生布拉格衍射。所谓菊池线就是衍射圆锥与厄瓦尔德球相截，其交线经放大后在底片上的投影。

3. 电子衍射花样

选区电子衍射的目的是获得样品形貌所对应的电子衍射花样，其方法就是在物镜像平面处插入一个孔径光阑（称为选区光阑或中间镜光阑）。物镜的像平面在不同倍率下是变化的，要保证物镜像平面和选区光阑的重合。

衍射花样标定主要包括：单晶衍射花样标定-尝试校验法；单晶衍射花样标定-标准花样对照法；多晶衍射花样标定等。

五、注意事项

① 不符合规定的样品不能至透射电镜下观察；

② 设备准备检查工作未做不能进行透射电镜操作；

③ 实验过程中必须保证冷阱有液氮；

④ 严格按操作规程取放样品杆，否则电镜易破真空；

⑤ 暂时停止观察时，必须随手关闭 BEAM；

⑥ CCD、能谱等附件需按规程操作和维护；

⑦ 不能擅自调整软件设置；

⑧ 必须严格遵守透射电镜操作规程以及水、电、气的维护和安全操作规程。

六、实验报告要求

① 画出透射电镜的系统组成图，并标出简单光路。

② 简要说明透射电镜的成像形式和操作方法。

③ 块体透射电镜制样后至透射电镜下观察得到明暗场像、衍射像和高分辨像。

④ 利用衍射标定方法得到物相鉴定和取向关系。

七、思考题

① 透射电镜的成像原理和方式包括哪些？

② 质厚衬度像、衍射衬度像、相位衬度像有什么区别？

③ 利用平行四边形法进行衍射花样的标定。

材料的室温静拉伸试验

一、实验目的

① 正确掌握室温静拉伸试验方法，掌握测量相关材料力学性能指标的方法；

② 掌握万能材料试验机的操作规程及选用原则，并了解其构造、特点及工作原理；

③ 掌握相关材料在拉伸时的变形规律和断口特征。

二、实验原理与方法

材料的单向静拉伸试验（uniaxial static tensile test）是使用最广泛的力学性能试验方法之一，就是在室温、大气环境中，缓慢地在试样两端施加负荷，使试样的工作部分受轴向拉力，引起试样沿轴向伸长变形直到断裂。利用拉伸试验得到的数据可以确定材料的弹性模量、拉伸强度、屈服点、屈服强度、伸长率、断面收缩率和其它拉伸性能指标。

对试样加载的试验机有多种类型，一般带有载荷传感器（load cell）、位移传感器（displacement sensor）和自动记录装置，可把作用于试样上的载荷及所引起的伸长量自动记录下来，绘出载荷-伸长曲线，简称拉伸曲线或拉伸图。当前较先进的有电子拉伸试验机（见图 14-1）和液压伺服材料试验机，它们都配有专门的控制系统、测试软件及专用应变计（extensometer），除可得到载荷-伸长曲线外，还可直接绘出工程应力 R 与工程应变 e 的关系曲线，简称应力-应变曲线（stress-strain curve），见图 14-2。应力-应变曲线是表征材料拉伸行为的重要资料，可由它获得基本的拉伸性能指标。

（一）应力-应变曲线上的性能指标

工程应力的定义为：

$$R = F/S_0 \qquad\qquad (14\text{-}1)$$

式中，F 为载荷，N；S_0 为试样工作段的原始横截面积。应力的国际单位为 MPa（MN/m^2）或 Pa（N/m^2）。

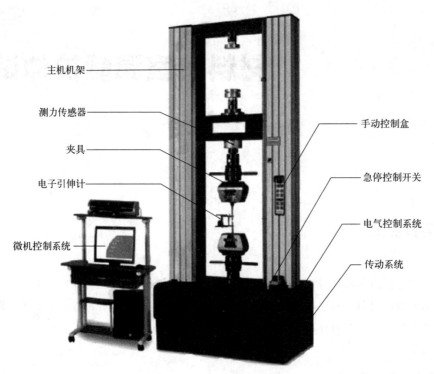

图 14-1　电子拉伸试验机

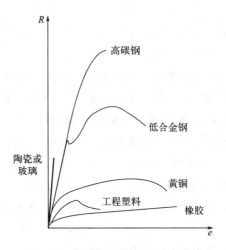

图 14-2　典型材料的应力-应变曲线

工程应变的定义为：

$$e = \Delta L / L_0 \tag{14-2}$$

式中，ΔL 为试样长度方向上的伸长量；L_0 为试样工作段的原始标距长度。

传统力学教材中拉伸性能指标的符号采用希腊字母，但国家标准和国际标准，已经把这些指标的符号改成英文字母，具体见表 14-1。在撰写相关文章时，必须采用最新国标来表示相关力学性能指标。

表 14-1　GB/T 228.1—2021《金属材料　拉伸试验　第 1 部分：室温试验方法》中部分符号及其说明

符号	单位	说明	英语名称
F_m	N	最大力	maximum force
R	MPa	应力	stress
m	MPa	应力-延伸率曲线在给定试验时刻的斜率	
R_{eH}	MPa	上屈服强度	upper yield strength
R_{eL}	MPa	下屈服强度	lower yield strength
R_m	MPa	抗拉强度	tensile strength
R_p	MPa	规定塑性延伸强度	proof strength, plastic extension
R_r	MPa	规定残余延伸强度	permanent set strength
R_t	MPa	规定总延伸强度	proof strength, total extension
L_o	mm	原始标距	original gauge length
L_c	mm	平行长度	parallel length
L_e	mm	引伸计标距	extensometer gauge length
L_t	mm	试样总长度	
d_u	mm	圆形横截面试样断裂后缩颈处最小直径	
L_u	mm	断后标距	final gauge length after fracture
S_o	mm^2	原始横截面积	
S_u	mm^2	断后最小横截面积	
Z	%	断面收缩率	percentage reduction of area
A	%	断后伸长率	percentage elongation after fracture
A_e	%	屈服点延伸率	percentage yield point extension
A_g	%	最大力塑性延伸率	percentage plastic extension at maximum force
A_{gt}	%	最大力总延伸率	percentage total extension at maximum force
A_t	%	断裂总延伸率	percentage total extension at fracture
ΔL_m	mm	最大力总延伸	
ΔL_f	mm	断裂总延伸	

1. 屈服强度（物理屈服点简称屈服点） R_e

呈现屈服现象的金属材料，试样在拉伸试验过程中不增加力（保持恒定）或力下降仍能继续伸长时的应力。如力发生下降，应区分上、下屈服强度。

上屈服强度 R_{eH}：试样发生屈服应力首次下降前的最大应力。

下屈服强度 R_{eL}：不计初始瞬时效应时屈服阶段中的最小应力。

不同类型的拉伸曲线上的屈服现象如图 14-3 所示，图 14-3（a）和图 14-3（b）的拉伸曲线都有初始瞬时效应，但图 14-3（a）中应力首次下降后再上升后的应力小于下降前的最大应力，而图 14-3（b）中首次下降后再上升后的应力接近或者略高于下降前的最大应力，以首次下降前的最大应力作为 R_{eH}；图 14-3（c）中的拉伸曲线特点是应力下降后曲线没有起伏现象；图 14-3（d）中的屈服呈平台状，因此不区分上屈服强度和下屈服强度，平台对应的强度为 R_e。

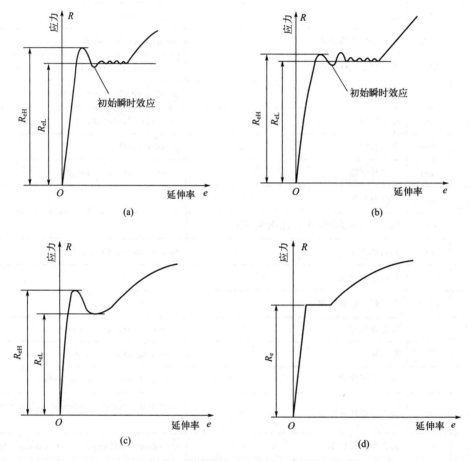

图 14-3　不同类型拉伸曲线上的上屈服强度和下屈服强度

有明显屈服现象的金属材料，应测定其屈服点、上屈服点或下屈服点，但有关标准或无规定时，一般只测定屈服点或下屈服点。无明显屈服现象的金属材料，应测定其规定塑性延伸强度 $R_{p0.2}$。

规定塑性延伸强度 R_p 定义为试样塑性延伸率等于规定的引伸计标距百分比时的应力。使用的符号应附加下脚标说明，例如 $R_{p0.01}$、$R_{p0.05}$、$R_{p0.2}$ 等，分别表示规定塑性延伸率为 0.01%、0.05% 和 0.2% 时的应力。

图示法求规定塑性延伸强度 $R_{p0.2}$ 参见图 14-4。

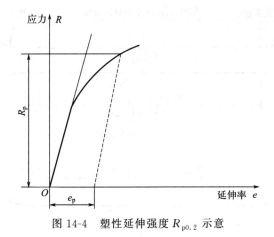

图 14-4　塑性延伸强度 $R_{p0.2}$ 示意

2. 抗拉强度 R_m

试样拉断前的最大应力称为抗拉强度 R_m，即试样连续拉伸至断裂，拉伸曲线上的最大应力值。

3. 断后伸长率 A

试样拉断后标距长度的增量 ΔL_u 与原标距长度 L_o 的百分比，称断后伸长率（延伸率）。测量原始标距长度 L_o 和断后标距长度 L_u 后可按下列公式计算 A。

$$A=\frac{\Delta L_u}{L_o}=\frac{L_u-L_o}{L_o}\times 100\%$$ (14-3)

断后标距 L_u 的测量方法详见本实验附录。

图 14-5 是圆柱形或矩形拉伸试样示意。拉伸试样两端被试验机夹具夹持部分，可加工成光滑或螺纹形状，其长度由试验机的夹头来确定，中间的平行长度大于标距 L_o。

由于样品的伸长率和原始标距与截面积之比有关，因此拉伸样品分为比例试样和非比例试样。根据 GB/T 228.1—2021，短试样（$L_o/d_o=5$，$L_o/\sqrt{S_o}=5.65$，称 5 倍试样）的伸长率用 A 表示，长试样（$L_o/d_o=10$，$L_o/\sqrt{S_o}=11.3$，称 10 倍试样）的伸长率用 $A_{11.3}$ 表示。不同比例的试样得到的伸长率是不同的。

4. 断面收缩率 Z

试样拉断后，颈缩处横截面积的最大缩减量与原横截面积的百分比，称断面收缩率 Z。测量原横截面积 S_o 和拉断后缩颈处截面积 S_u 后，可按式（14-4）计算 Z。

$$Z=\frac{S_o-S_u}{S_o}\times 100\%$$ (14-4)

根据 GB/T 228.1—2021 的规定，对试样加载速率可分别采取两种不同的控制模式，即应变速率（包括横梁位移速率）控制和应力速率控制。为了减小测定应变速率敏感参数时试验速率的变化并减小试验结果的测量不确定度，国标推荐使用应变速率的控制模式进行拉伸试验。

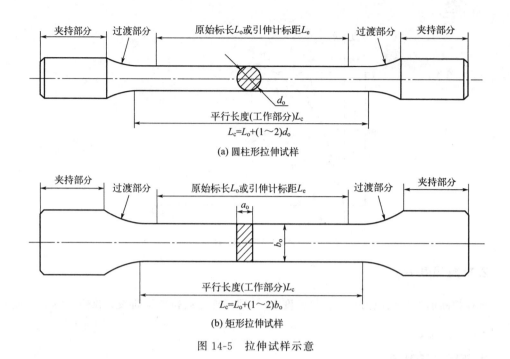

(a) 圆柱形拉伸试样

(b) 矩形拉伸试样

图 14-5　拉伸试样示意

（二）拉伸断口形貌特征

拉伸断口的形貌特征反映了有关材料断裂过程中的真实情况，因此分析断口可判断样品断裂的类型（韧性断裂、脆性断裂）。图 14-6（a）是低碳钢的拉伸断口，通过扫描电镜观察到韧窝，属于韧性断裂。图 14-6（b）是铸铁的拉伸断口，在扫描电镜下观察到河流花样，属于脆性断裂。

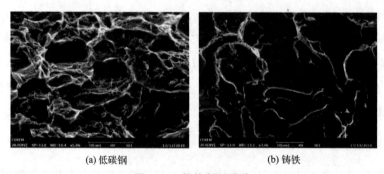

(a) 低碳钢　　　　　　　　　(b) 铸铁

图 14-6　拉伸断口形貌

三、实验设备与材料

① 电子式万能材料试验机、游标卡尺、划线器、切割机、扫描电镜；

② 试样：低碳钢、铸铁、聚碳酸酯、ABS、橡胶等的标准拉伸试样。

四、实验步骤

① 用游标卡尺测量试样工作长度（均匀长度）内两端及中央三处的直径，各处应在两个相互垂直的方向各测量一次。取其算术平均值，选用三处中的最小平均直径，记作试样的 d_o。

② 用划线器将试样工作长度 L_o 划成 N 格（每格等间距）。

③ 检查机器各部分是否处于正常工作状态。

④ 在计算机中打开相关的测试程序，根据测试要求和试样尺寸，输入相关测试参数。

⑤ 点击"夹具复位"，使横梁到达设置位置。夹持试样，点击"力值清零"，点击"OK"，试验机进入测试状态。

⑥ 试验结束后，从夹具上取下试样，将两段试样紧紧凑在一起，使其轴线处于同一直线上，在缩径最小处相互垂直方向测量直径，取其算术平均值作为 d_u，测量断后试样的标长 L_u。

⑦ 整理各项实验数据，计算 E、R_{eH}、R_{eL}、$R_{p0.2}$、R_m、A 和 Z。

⑧ 选择低碳钢样品，在均匀形变阶段卸载，二次拉伸，观察硬化对弹性和塑性的影响。

⑨ 用切割机把拉伸断口端切下，清洗断口并吹干，在扫描电镜下观察断口形貌。

五、实验报告要求

① 比较不同材料的拉伸曲线特点，计算伸长率、断面收缩率等力学指标。

② 观察拉伸样品的断口形貌特征。

③ 分析和讨论试验结果及心得体会。

六、思考题

① 讨论出现屈服点的原因。

② 颈缩（断面收缩率）与材料的什么相关？

③ 不同倍率的试样获得不同伸长率的原因是什么？

附录：断后标距 L_u 的测量和伸长率计算

试验前将原始标距（L_o）细分为 N 等分。

1. 直测法

如拉断处到最邻近标距端点的距离大于 $L_o/3$ 时，直接测量标距两端点间的距离。断后伸长率计算公式：$A = \dfrac{L_u - L_o}{L_o} \times 100\%$。

2. 移位法

如拉断处到最邻近标距端点的距离小于 $L_o/3$ 时，则按下述方法测定 L_u。

以符号 X 表示断裂后试样短段的标距标记，以符号 Y 表示断裂后试样长段的等分标记，此标记与断裂处的距离最接近于断裂处至标距标记 X 的距离。

如 X 与 Y 之间的分格数为 n，按如下不同情况测定断后伸长率。

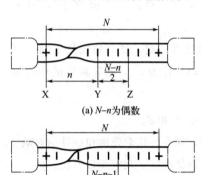

(a) $N-n$为偶数

(b) $N-n$为奇数

图 14-7　移位法示意

① 如 $N-n$ 为偶数［见图 14-7（a）］，则以符号 Z 表示从 Y 至距离为 $(N-n)/2$ 个分格的位置，测量 X 与 Y 之间的距离以及 Y 与 Z 之间的距离，按下式计算断后伸长率。

$$A = \frac{XY + 2YZ - L_o}{L_o} \times 100\%$$

② 如 $N-n$ 为奇数［见图 14-7（b）］，则以符号 Z' 表示从 Y 至距离为 $(N-n-1)/2$ 个分格的位置，以符号 Z'' 表示从 Y 至距离为 $(N-n+1)/2$ 个分格的位置，按下式计算断后伸长率。

$$A = \frac{XY + YZ' + YZ'' - L_o}{L_o} \times 100\%$$

测量断后标距的量具最小刻度值应不大于 0.1mm。

短、长比例试样的断后伸长率分别以符号 A_5、A_{10} 表示。定标距试样的断后伸长率应附以该标距数值的下脚标，例如：$L_o = 100mm$ 或 $200mm$ 则分别以符号 A_{100mm} 或 A_{200mm} 表示。

材料的硬度试验

一、实验目的

① 掌握硬度（布氏、洛氏、维氏、邵氏）的测试原理、主要规范及测试方法，要求能正确测定各种材料的硬度值。

② 培养正确选择硬度试验法的能力。

③ 熟悉几种硬度计的操作规程，并了解其主要结构、特点及工作原理。

二、实验原理与方法

硬度试验是应用最广泛的力学性能试验。硬度的测试方法很多，大体可分为压入法（如布氏、洛氏、维氏硬度）、划痕法（如莫氏硬度）、动态法（如肖氏硬度）。所谓布氏、洛氏、维氏等名称是指首先提出这种试验方法的人的姓氏或首先生产这种硬度计的厂名。

实践中运用最广的是压入法，因为这种试验方法的应力状态系数大于 2，比单向压缩的还大。由于硬度试验只在样品表面产生很小的压痕，无需专门加工试样，设备简单，同时又能敏感反映材料的化学成分和组织的变化，广泛应用于材料研究和检验领域。

（一）布氏硬度试验法

布氏硬度的测试原理如图 15-1 所示，采用一定直径 D 的硬质合金球，在规定载荷 P 的作用下压入被测样品表面，经规定保荷时间后卸除载荷，在被测样品表面留下一球冠状压痕，测量试样表面压痕的直径 d 即能算出压痕面积 S，然后以压痕单位面积上所承受的载荷表示金属的布氏硬度值，其值可用下述公式计算。

$$HBW = \frac{0.102 \times 2P}{\pi D (D - \sqrt{D^2 - d^2})} \tag{15-1}$$

式中，P 为施加的载荷，N；D 为球体直径，mm；d 为试样表面压痕直径，mm。

布氏硬度的表示方法：在 HBW 之前书写硬度值，符号后面依次是球直径、载荷及保持时间。例如：500HBW5/750 表示用直径为 5mm 硬质合金球在 750kgf（7.355kN）载荷作用下保持 10～15s 测得的布氏硬度值为 500。

对于材料相同但厚薄不同的样品，为了测得相等的布氏硬度值，在选配载荷 P 和球体直径 D 时，应保证得到几何相似的压痕，如图 15-2 所示，即压痕的压入角 φ 保持不变。

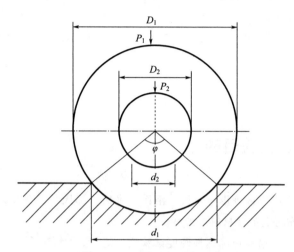

图 15-1　布氏硬度试验原理示意　　　　图 15-2　压痕相似原理示意

由图 15-2 可知：

$$d = D \sin \frac{\varphi}{2} \tag{15-2}$$

代入式（15-1）得：

$$HBW = \frac{P}{D^2} \frac{0.102 \times 2}{\pi \left(1 - \sqrt{1 - \sin^2 \frac{\varphi}{2}}\right)} \tag{15-3}$$

$$HBW_1 = HBW_2 = \frac{P_1}{D_1^2} \frac{0.102 \times 2}{\pi \left(1 - \sqrt{1 - \sin^2 \frac{\varphi_1}{2}}\right)} = \frac{P_2}{D_2^2} \frac{0.102 \times 2}{\pi \left(1 - \sqrt{1 - \sin^2 \frac{\varphi_2}{2}}\right)} \tag{15-4}$$

若在 P_1、D_1 和 P_2、D_2 下所得的压痕几何形状相似，即 $\varphi_1 = \varphi_2$，那么对于同一种材料，若想使所得的硬度值相等，则要求 $P_1/D_1^2 = P_2/D_2^2 = K$（$K$ 为常数），这就是由压痕几何相似原理导出的 P 和 D 的选配原则。只要载荷 P 与球体直径 D 的平方之比保持一常数 K，则对于同一种材料测得的硬度值是相等的，对于不同材料所测得的硬度值是可以比较的。

大量实践证明，压入角在 28°～74°时载荷的不同对布氏硬度值影响不大，与此对应的球体直径 D 与表面压痕直径 d 满足 $0.24D < d < 0.6D$。对于软硬不同的材料，为了测得统一的、可比较的硬度值，必须满足上述条件。

GB/T 231—2018 规定布氏硬度试验时 P/D^2 的比值为 30、10、5、2.5、1.25 五种。

根据金属材料的种类和试样硬度范围不同，国标规定按表 15-1 所示选择 P/D^2 值。

表 15-1　不同材料的载荷与压头球直径平方的比率

材料	布氏硬度 HBW	$0.102 \times P/D^2/(\mathrm{N/mm^2})$
钢、镍基合金、钛合金		30
铸铁	<140	10
	≥140	30
铜及其合金	<35	5
	35～200	10
	>200	30
轻金属及其合金	<35	2.5
	35～80	10（5 或 15）
	>80	10（15）
铅、锡		1

注：1.当实验条件允许时，应尽量选用 10mm 球；

　　2.当有关标准中设有明确规定时，应使用括号内的 P/D^2 值。

　　除上述规定外，布氏硬度试验时，必须保证所施加的载荷与试件的试验平面垂直。试验过程中加载应平稳均匀，不得有冲击和振动。试样表面应制成光滑平面，表面无氧化皮和其它外来污物。制备试样时，不应使试样表面因受热或加工而影响其硬度。试样厚度应不小于压痕深度的 10 倍。载荷的施加时间为 2～8s；黑色金属的载荷保持时间为 10～15s；有色金属为（30±2）s；布氏硬度小于 35HBW 时为（60±2）s。压痕中心距试样边缘距离应不小于压痕直径的 2.5 倍，两相邻压痕中心的距离应不小于压痕直径的 2.5 倍，两相邻压痕中心的距离应不小于压痕直径的 4 倍，试验硬度小于 35 时，上述距离应分别为压痕直径的 3 倍和 6 倍。

　　压痕直径应从两个垂直方向测量，并取其算术平均值。压痕两直径之差应不超过较小直径的 2%。用直径为 10mm 的球体进行试验时，压痕直径的测量应精确到 0.02mm，用 2.5mm 球体时则应精确到 0.01mm。

　　布氏硬度的优点如下。

　　① 压痕面积较大，能反映较大范围内金属各组成相的平均性能，而不受个别组织相及微小不均匀性的影响。因此特别适宜测定灰铸铁、有色合金和具有粗大晶粒的金属材料。

　　② 试验数据稳定，重复性强。

　　③ 由实验测定已求得了一些 HBW 与抗拉强度 R_{m} 之间的经验公式，从而通过布氏硬度试验可近似推算材料的抗拉强度。

　　布氏硬度的缺点如下。

　　① 由于压头是硬质合金球，受力太大往往会引起压头本身变形，所以不能测试太硬的材料，硬质合金球压头最多测至 650HBW；

　　② 由于压痕大，对某些表面不允许有较大伤痕的成品工件不宜采用此法；

　　③ 每次测试均需精确测定压痕直径 d，因此与其它硬度测试方法相比，操作也显得比较烦琐。

（二）洛氏硬度试验法

和布氏硬度试验法一样，洛氏硬度试验法也是一种静载压入法硬度试验，但不同的是洛氏硬度试验法以压头压入被测样品表面的深度来表示材料的软硬。有 3 种压头，即 120°的金刚石锥体、直径为 1.588mm（1/16 英寸）或 3.175mm（1/8 英寸）的硬质合金球。试验开始时，首先用 10kg 初载荷将压头压到样品表面，然后加主载荷将压头压入试样表面，保持一段时间，卸除主载荷，用测得的压痕深度来表示硬度。实际测量洛氏硬度时，硬度计直接把深度值转换为相应的硬度值，因此可直接读出硬度值。

洛氏硬度的试验原理如图 15-3 所示。

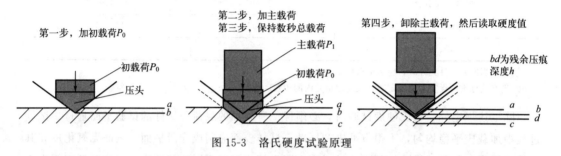

图 15-3　洛氏硬度试验原理

试验开始时，第一步用初载荷 P_0（P_0 为 10kg）将压头压到样品表面，造成微小变形，深度为 ab；第二步加上主载荷 P_1，使压头在总载荷 $P = P_0 + P_1$ 的作用下压入被测样品，压入深度 abc；然后卸去主载荷 P_1，保留初载荷 P_0，这时压头压入被测样品表面的深度将由于材料弹性变形的恢复而发生变化，最终压入深度为 bd。

如图 15-3 所示 bd 之间的距离用 h 表示，h 即为主负荷 P_1 作用下的残余压入深度，此深度被用来衡量材料的软硬程度。但如果直接用 h 值表示材料的硬度值，那么材料越软，得到的 h 值越大，即硬度值越大，这与习惯不符，因此测量硬度值时人为规定用一常数 N 减去残余压入深度，用所得的差值表示材料的洛氏硬度值，并用符号 HR 表示，故洛氏硬度值的计算公式为：

$$HR = N - h/S \tag{15-5}$$

式中，N 为全量程常数，使用金刚石压头时，N 值取 100，使用硬质合金压头时，N 值取 130；S 为标尺常数，常规洛氏硬度取 0.002，表面洛氏硬度取 0.001；h 为主载荷作用下的残余压入深度。

为了能用一种硬度计测定从软到硬的金属材料的硬度，洛氏硬度试验时，采用了 3 种压头和 3 个载荷，组成 9 种标尺（相应规范见表 15-2）。3 种压头分别为 120°的金刚石锥体、直径为 1.588mm（1/16 英寸）或 3.175mm（1/8 英寸）的硬质合金球；3 个载荷为 588.4N（60kgf）、980.7N（100kgf）、1471N（150kgf）。当遇到材料较薄、试样较小、表面硬化层较浅或测试表面镀覆层的样品时，就应改用表面洛氏硬度试验，表面洛氏硬度试验采用了 2 种压头（120°的金刚石锥体、直径为 1.588mm 的硬质合金球）和 3 个载荷，即 147.1N（15kgf）、294.2N（30kgf）、441N（45kgf），组成 6 种表面洛氏硬度标尺（相应规范见表 15-3）。

洛氏硬度的表示方法为洛氏硬度符号 HR 后面加上使用的标尺字母（A、B、C、D、E、F、G、H、K、N、T），如果压头是球形硬质合金（碳化钨）压头，再加上 W，即硬度值＋HR＋标尺符号。例如"55HRC"，表示用 C 标尺测得的洛氏硬度值为 55；"60HRBW"，表示用硬质合金压头和 B 标尺测得的洛氏硬度值为 60；"60HR30N"，表示用总载荷 294N（30kgf）的 30N 标尺测得的表面洛氏硬度值为 60。

表 15-2 洛氏硬度标尺

洛氏硬度标尺	硬度符号单位	压头类型	初载荷 P_0/N	总载荷 P/N	标尺常数 S/mm	全量程常数 N	适用范围
A	HRA	金刚石圆锥	98.07	588.4	0.002	100	（20～95）HRA
B	HRBW	直径 1.588mm 球	98.07	980.7	0.002	130	（10～100）HRBW
C	HRC	金刚石圆锥	98.07	1471	0.002	100	（20～70）HRC
D	HRD	金刚石圆锥	98.07	980.7	0.002	100	（40～77）HRD
E	HREW	直径 3.175mm 球	98.07	980.7	0.002	130	（70～100）HREW
F	HRFW	直径 1.588mm 球	98.07	588.4	0.002	130	（60～100）HRFW
G	HRGW	直径 1.588mm 球	98.07	1471	0.002	130	（30～94）HRGW
H	HRHW	直径 3.175mm 球	98.07	588.4	0.002	130	（80～100）HRHW
K	HRKW	直径 3.175mm 球	98.07	1471	0.002	130	（40～100）HRKW

表 15-3 表面洛氏硬度标尺

表面洛氏硬度标尺	硬度符号单位	压头类型	初载荷 P_0/N	总载荷 P/N	标尺常数 S/mm	全量程常数 N	适用范围
15N	HR15N	金刚石圆锥	29.42	147.1	0.001	100	（70～94）HR15N
30N	HR30N	金刚石圆锥	29.42	294.2	0.001	100	（42～86）HR30N
45N	HR45N	金刚石圆锥	29.42	441.3	0.001	100	（20～77）HR45N
15T	HR15TW	直径 1.588mm 球	29.42	147.1	0.001	100	（67～93）HR15TW
30T	HR30TW	直径 1.588mm 球	29.42	294.2	0.001	100	（29～82）HR30TW
45T	HR45TW	直径 1.588mm 球	29.42	441.3	0.001	100	（10～72）HR45TW

各种不同标尺的洛氏硬度值之间不能直接进行比较，必要时可用实验测定的换算表进行相对比较。

普通测试中最常用的三种标尺为 A、B、C，即 HRA、HRBW、HRC。HRA 是采用 60kg 载荷和金刚石压头得到的硬度，用于硬度较高的材料，例如钢材薄板、硬质合金。HRB 是采用 100kg 载荷和直径 1.588mm 硬质合金球得到的硬度，用于硬度较低的材料，例如软钢、有色金属、退火钢等。HRC 是采用 150kg 载荷和金刚石压头得到的硬度，用于硬度较高的材料，例如淬火钢、铸铁等。

如果在圆柱或球形表面进行洛氏硬度试验，由于压痕周围阻力减小，硬度值偏低。因此，试验结果需加以校正，详见相关国标。

洛氏硬度试验的优点是操作迅速、简便，压痕较小，适宜于成品质量检验。其缺点是采用不同标尺所测得的硬度值之间不能直接进行比较，而一种标尺又不能测定各种软硬度的材料；另外由于压痕小，对于组织粗大或组织不均匀的材料，硬度值代表性差，数值较分散。

（三）维氏硬度试验法

维氏硬度的测定原理基本上与布氏硬度相同，也是用压痕单位面积上所承受的载荷来表示材料的硬度值。与布氏硬度不同的是维氏硬度试验的压头不是合金球，而是相对面间夹角为 136° 的金刚石正四棱锥体。维氏硬度试验原理和压头形状如图 15-4 所示。

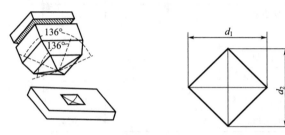

图 15-4　维氏硬度试验原理和压头形状

试验时，在载荷 P 作用下，压头在试样表面上压出一个四方锥形的压痕，测量试样表面上正方形压痕的两条对角长度 d_1、d_2 取其算术平均值 d，由 d 算出压痕表面积 S，以 P/S 的数值表示试样的硬度值。并用符号 HV 表示，即

$$\text{HV} = 0.102 \frac{P}{S} = 0.102 \frac{P}{d^2/[2\sin(136°/2)]} = 0.189 \frac{P}{d^2} \tag{15-6}$$

式中，P 为施加的载荷，N；d 为试样表面压痕对角线长度，mm。

维氏硬度表示方法：硬度符号 HV 后面的数字为载荷大小（单位为 kgf）和载荷保持时间（如果试验力保持时间为 10～15s，不标注），例如，640HV30 表示用 30kgf（294.2N）载荷保持 10～15s 测定的维氏硬度值为 640。

载荷 P 可根据试样的大小和厚薄及其他条件进行选择，维氏硬度试验的载荷见表 15-4。施加载荷的时间为 2～8s，载荷的保持时间黑色金属为 10～15s，有色金属为（30±2）s。

表 15-4　维氏硬度试验的载荷

维氏硬度试验		小负荷维氏硬度试验		显微维氏硬度试验	
硬度符号	载荷/N	硬度符号	载荷/N	硬度符号	载荷/N
HV5	49.03	HV0.2	1.961	HV0.01	0.09807
HV10	98.07	HV0.3	2.942	HV0.015	0.1471
HV20	196.1	HV0.5	4.903	HV0.02	0.1961
HV30	294.2	HV1	9.807	HV0.025	0.2452
HV50	490.3	HV2	19.61	HV0.05	0.4903
HV100	980.7	HV3	29.42	HV0.1	0.9807

金属维氏硬度测量范围为（5～1000）HV。

和布氏、洛氏硬度试验相比，维氏硬度试验具有很多优点。它不存在布氏硬度试验中载荷和压头直径选配关系的约束，也不存在压头变形问题，可以测定软硬度不同的各种金属材料的硬度。并且也不存在洛氏硬度试验中各种不同硬度标尺所得的硬度值互相不能直接进行比较的问题。由于压痕轮廓清晰，采用对角线长度计量，所以读数较布氏硬度试验法精确。实验时载荷可以任意选择，所以适宜用来测定薄试样的硬度，例如表面化学热处理试样的硬度等。维氏硬度试验的缺点是其硬度值需经过压痕对角线的测量，所以不如洛氏硬度试验方便，不适宜于成批生产中成品件的质量检验。此外与洛氏硬度法一样，由于压痕小，虽然对零件的损伤小，但也不适宜用来测定组织粗大或存在组织不均匀性的材料的硬度值。

通常规定，硬度试验时，试样厚度应不小于其压痕直径或对角线的 1.5 倍，试验后，试样背面不应呈现变形痕迹。任一压痕中心与试样边缘或其他压痕中心之间的距离，对于黑色金属应不小于压痕平均对角线长的 2.5 倍，对于有色金属则不应小于 5 倍。两对角线长 d_1 和 d_2 之差与较短一条之比不应超过 2%。

（四）邵氏硬度计

邵氏硬度计（图 15-5）又称为橡胶硬度计，广泛应用于橡胶、塑料的硬度测定。

在测试时，将特定形状的压针在试验载荷下垂直压入试样表面，当压足表面与试样表面完全贴合时，压针尖端面相对压足平面有一定的伸出长度 L（见图 15-6），以 L 值的大小来表征邵氏硬度的大小，L 值越大，表示邵氏硬度越低，反之越高。

邵氏硬度计算公式为：$100-L/0.025$，L 表示压针深入试样表面的深度。

邵氏硬度计主要分为三类，即 A 型、C 型和 D 型，分别用 HA、HC、HD 表示。它们的测量原理完全相同，所不同的是压针的尺寸不同。其中 A 型邵氏硬度计的针尖直径为 0.79mm，用来测量软塑料、橡胶、合成橡胶、毡、皮革的硬度。D 型邵氏硬度计的针尖直径为 0.2mm，用来测量硬塑料和硬橡胶的硬度，例如地板材料，保龄球场地等的现场硬度测量。C 型邵氏硬度计的压针针尖是一个圆球，直径 5mm，用来测量泡沫和海绵等软性材料的硬度。表 15-5 列出了邵氏硬度的使用范围。

邵氏硬度计携带和操作方便、测量迅速、结果简单，特别适合于现场的硬度测定。

图 15-5　邵氏硬度计

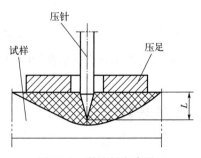

图 15-6　邵氏硬度计原理

表 15-5　邵氏硬度使用范围

邵氏硬度 HD	邵氏硬度 HC	邵氏硬度 HA	聚合物种类
90			硬塑料
86			
83			中等硬度塑料
80			
77			
74			
70			
65	95		
60	93	98	软塑料
55	89	96	
50	80	94	
42	70	90	
38	65	86	橡胶
35	57	85	
30	50	80	
25	43	75	
20	36	70	
15	27	60	
12	21	50	
10	18	40	
8	15	30	
6.5	11	20	
4	8	10	

三、实验设备与材料

① 布氏硬度计、洛氏硬度计、维氏硬度计、邵氏硬度计；

② 铸铁、铸铝；热轧或调质态的钢材；淬火态或淬火后经低温回火的钢材；硬质塑料等。

四、实验步骤

试验前应熟悉各种硬度试验法的基本原理、特点、主要规范和技术条件，然后按下列程序进行试验。

① 对实验室给出的一组试件，根据其材料及各种硬度试验方法的特点，每一块试件采用的一种（或两种）硬度试验方法进行硬度测试。

② 根据被测试件的估计硬度值及厚度确定所用硬度试验法的测试规范（压头、载荷、保荷时间等）。

③ 了解所用硬度计操作规程，换上所需的压头，调整好相应的载荷，并检查机器各部分是否处于正常工作状态，采用标准的硬度块对设备进行校验。

④ 将试件放在硬度试验机的工作台上，按照操作步骤分别测试硬度值，每个试样测定三次。

注意事项：

① 选择试验规范，必须严格按照各种硬度试验法的主要规范及技术条件，不能再任意更改。

② 卸载过程应缓慢、平稳，取下试件前切勿忘记卸载，以免第二次试验时重载荷顶住试件而损坏压头。

③ 在进行布氏硬度测试时，如果屏幕上出现 error 提示，很有可能是由于样品硬度过大或过小，载荷和压头选择错误，需要重新选择合适的 P/D^2 值。

五、实验报告要求

根据所给实验材料，选择硬度试验方法、确定具体试验条件。

六、思考题

① 根据布氏硬度的压入角要求，计算适合用布氏硬度来表征的样品的布氏硬度值；

② 根据硬度计算公式，分别计算硬度值 $500\text{HBW}5/750$、50HRC、$500\text{HV}1$、$500\text{HV}30$ 所对应的压痕直径或对角线长度。

系列冲击试验

一、实验目的

① 了解冲击试验机的结构和工作原理，掌握冲击韧性的实验方法，要求能准确测定材料的冲击吸收功 A_{ku} 或 A_{kv}；

② 了解材料的低温脆性，掌握测定材料韧脆转变温度的原理和方法；

③ 熟悉冲击试样的宏观断口特征。

二、实验原理与方法

在实际工程运用中很多部件是在动载荷条件下工作的，为测定材料承受动载荷的能力，人们提出了多种动载试验方法，摆锤冲击试验就是其中之一，目前在生产上得到广泛的应用，其试验方法已标准化。

如图 16-1 所示，该方法将规定尺寸和形状的标准试样放在冲击试验机支座上，缺口位于冲击相背方向，并使缺口位于支座中间，然后将具有一定重量的摆锤举至一定的高度 H_1，使其获得一定的位能 mgH_1，释放摆锤冲断试样，摆锤的剩余能量为 mgH_2，则摆锤冲断试样失去的势能为 $mg(H_1-H_2)$。如果忽略空气阻力等各种能量损失，则冲断试样所消耗的能量（即试样的冲击吸收功）为：

$$A_k = mg(H_1 - H_2) \qquad (16-1)$$

A_k 的具体数值可直接从冲击试验机的表盘上读出，其单位为焦耳（J）。将冲击吸收功 A_k 除以试样缺口底部的横截面积 S_N，即可得到试样的冲击韧性 a_k 值。

$$a_k = A_k / S_N \qquad (16-2)$$

冲断试样所消耗的总功一般可分为三部分，即消耗于试样弹性变形的弹性功、塑性变形的塑性功，以及消耗于裂纹出现至断裂的撕裂功。

试样的冲击吸收功 A_k 值与试样的尺寸、缺口形状和支撑方式有关。为便于比较，国内外相关标准规定了两种缺口形式的试样：V 型缺口和 U 型缺口，分别称为夏比 V 型冲击试样和夏比 U 型冲击试样，如图 16-2 所示。如不能制成标准试样，则可采用小尺寸试样，其他尺寸与相应缺口的标准试样相同，详见相关国标。

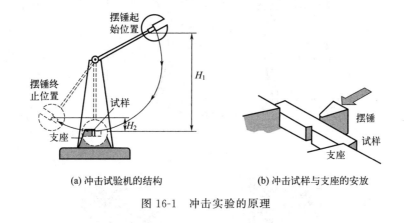

(a) 冲击试验机的结构　　　　　　(b) 冲击试样与支座的安放

图 16-1　冲击实验的原理

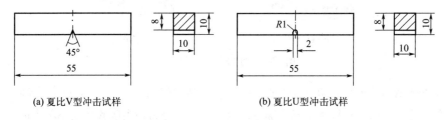

(a) 夏比V型冲击试样　　　　　　　(b) 夏比U型冲击试样

图 16-2　标准夏比缺口试样的尺寸（单位：mm）

典型的冲击断口形貌如图 16-3 所示，与拉伸试样类似，冲击断口也分成纤维区、放射区（结晶区）和剪切唇，有时候还能看到两个纤维区。出现两个纤维区的原因是试样被冲击时，缺口一侧受拉伸作用，形成裂纹，而后向两侧及深度方向扩展。由于缺口处于平面应力状态，若试样材料具有一定的韧性，则在裂纹扩展过程中形成纤维区，当裂纹扩展到一定深度，出现平面应变状态，若裂纹增加到 Griffith 裂纹尺寸时，裂纹快速扩展而形成结晶区，当裂纹扩展到试样的另一侧进入压缩区时，由于应力状态发生变化，裂纹扩展速度减小，于是又出现纤维区。如果试样材料的韧性不同，纤维区、放射区（结晶区）和剪切唇三者的相对面积比例关系就不同。若材料的韧性随环境温度变化而变化，则断口形貌也会发生变化。

某些体心立方或密排六方晶格的金属材料，当其服役温度降低时，其塑性、韧性便急剧降低，使材料脆化，这种现象叫作冷脆。由于温度降低造成金属由韧性状态转变为脆性状态的温度叫作冷脆转变温度，用符号 T_K 表示。不同金属的冷脆转变温度 T_K 是不同的，T_K 愈低，表示脆化倾向愈小，即在低温下使用时危险性愈小。金属的冷脆现象给一些在寒冷地带服役的机械设备（工程机械、运输机械、桥梁、铁路、输油管道等）带来很大危害及影响。因此，对制造这些设备的金属材料，常常需要测定其冷脆转变温度 T_K 以确定其低温脆化倾向的大小。

金属的冷脆转变温度 T_K 可通过低温系列温度冲击实验来测定，就是对同一种金属材料的冲击试样，在低于室温的一系列不同温度下作冲击试验。根据其冲击吸收功 A_k 随温度 T 的变化关系，或试样冲断后断口形貌随温度 T 的变化关系，来确定其冷脆转变温度。图 16-4

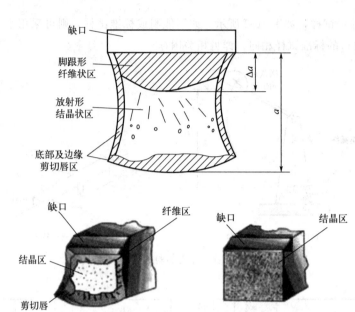

图 16-3　冲击断口形貌示意

为体心立方金属的冲击吸收功 A_{kv} 或冲击断口的结晶区面积百分比与温度的关系曲线示意。由图可见，这两种曲线一般都由三个部分组成。第一部分为冲击吸收功变化不大的高冲击吸收功部分（上平台），这部分冲击断口的结晶区面积百分比为零，形貌特点是灰暗色纤维状，属于韧性断口；第三部分是冲击吸收功变化不大的低冲击吸收功部分（下平台），这一部分冲击断口形貌特点是结晶状，是典型的脆性断裂断口；曲线的中间部分（第二部分）冲击吸收功变化较大，断口形貌为不同比例的结晶状和纤维状的混合断口，所以这个温度区间即为冷脆转变温度区间。

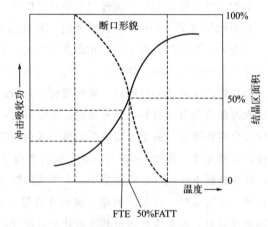

图 16-4　冲击吸收功 A_{kv} 和断口结晶区面积与试验温度的关系曲线示意

目前常用以下两种方法确定材料的冷脆转化温度 T_K。

① 将特定的断口形貌所对应的温度作为材料的冷脆转化温度。通常取结晶区面积占断口总面积 50% 时所对应的温度作为材料的冷脆转化温度，并记为 50% FATT（fracture appearance transition temperature）。

② 取最高冲击吸收功和最低冲击吸收功的平均值所对应的温度为材料的冷脆转化温度，该温度称为 FTE（fracture transition elastic）。

图 16-5 是低碳钢分别在室温和－55℃下冲击后样品断口的宏观形貌。

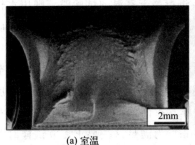 

(a) 室温　　　　　　　　　　　(b) -55℃

图 16-5　低碳钢冲击样品的宏观断口形貌

三、实验设备与材料

（一）实验设备及器材

① 标准摆锤式冲击试验机。
② 试样保温容器若干。
③ 酒精和干冰、液氮等，作冷却介质用；水和电炉，加热试样用。
④ 温度计 0～20℃ 及±50～80℃各一支。测温温度精确度应达 0.5℃。
⑤ 手钳、游标卡尺等。

（二）实验材料

热轧低碳钢，夏比 V 型缺口试样。制备试样时，除必须符合国标的规定外，取样时还必须考虑材料性能的方向性。

四、实验步骤

本实验主要测定被测材料在各试验温度下的冲击吸收功 A_{kv}，并计算出冲击韧性值，按两种方法求出被测材料的冷脆转化温度。

① 测量试样尺寸。如有条件可用投影仪检查试样缺口处的形状尺寸及加工精度是否符号标准要求，剔除不合格的试样，然后对试样编号，并记下各试样缺口横截面处的尺寸。

② 确定试验温度。根据材料的具体情况选 7～9 个温度进行试验，每个试验温度下冲击

试样不少于 3 个，以求得材料的冲击吸收功或冲击韧性与温度的关系曲线。通常在低温下每间隔 20℃ 测定试样的冲击吸收功。

③ 将试样放入保温容器中，注入酒精作冷却介质，使液面高于试样 25mm 以上。慢慢加入干冰，一边搅拌一边测温，待达到选定的试验温度并稳定后开始计算保温时间，保温时间一般不少于 15min。取样的手钳应和试样一起冷却。进行高于室温的试验时，则用水作介质，用电炉加热。为保证实际试验温度与规定的试验温度的偏差不超过 ±2℃，冷却介质的温度应低于规定的试验温度。

④ 检查冲击试验机，摆锤刀口处于两支承钳口的中心，进行正式试验前，确认其空打时冲击吸收功的值在零附近，证明无能量损耗。然后举起摆锤，将摆锤固定于规定的高度。

⑤ 用手钳取出试样，尽快稳定地放于支座上，试样支撑面紧贴在支撑块上，缺口背向摆锤刀口，使冲击刀刃对准缺口，其偏差不应超 0.2mm。为满足这一要求，放试样时可用特制的钳子使试样的缺口对准钳口的中心，放到支座上。从低温恒温箱取出直到被冲断，时间间隔应不超过 5s。若超过 5s，则应将试样放回低温恒温箱中重新冷却。

⑥ 拉动控制杆，使摆锤自由落下，冲断试样，从显示屏上读出冲击吸收功。

⑦ 摆锤停止摆动后，捡起冲断的试样，记下试样号及冲击吸收功 A_{kv}。同时将冲断的试样浸于无水乙醇中，以防止断口锈蚀。待冲击试验结束后，用电吹风吹干试样，并评定断口结晶区面积百分数，记入试验记录中。

注意事项：

① 本次实验参与者，既要迅速，又要沉着，特别要注意安全，防止忙乱中发生事故。所有参加实验人员应有明确分工（如负责试样冷却、做记录、操作冲击试验机等），进行实验时，一定要集中注意力，保持良好秩序。

② 必须用钳子夹持和摆放试样。在做低温冲击试验时，严禁用手直接捡拾被冲断的试样，以避免低温冻伤。

五、实验报告要求

① 将每个温度下所测定的几个试样的 A_{kv} 值分别记录下来，不要取平均值；

② 根据试验数据画出冲击吸收功 A_{kv} 及断口结晶区面积百分数与各试验温度间的关系曲线，每个温度下测得的几个 A_{kv} 值都要在图中分别标出，然后根据这些数据点的变化趋势描绘一条曲线，从中确定冷脆转变温度 T_K。

③ 结合断口形貌对比分析不同方法确定的 T_K 值，哪种方法更合理？

六、思考题

① 为什么冲击试样要开缺口？

② 比较低碳钢与灰铸铁的冲击破坏特点。

附录

根据冲击样品断口，用游标卡尺测量后计算结晶区面积比例的方法如图 16-6 所示。

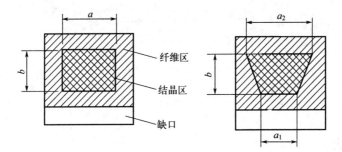

图 16-6　计算冲击样品断口结晶区面积比例的示意

金属疲劳试验

一、实验目的

① 了解金属在交变载荷作用下发生疲劳损伤过程的原理，掌握疲劳试验方法，掌握金属疲劳极限和 S-N 曲线的测试方法。

② 掌握疲劳试验设备的操作规程，并了解其构造、特点及工作原理。

③ 通过疲劳试验对所得到的疲劳数据进行分析，计算出金属的疲劳极限，并绘制出 S-N 曲线。

④ 掌握典型疲劳断口的分析方法，了解疲劳裂纹萌生、疲劳裂纹扩展和瞬间断裂的疲劳过程三个阶段，学会分析三个区域的断口特征，并揭示引起疲劳损伤的原因。

二、实验原理与方法

工程结构在服役过程中，由于承受变动载荷而导致裂纹萌生和扩展，以至断裂失效的全过程称为疲劳。金属疲劳破坏的特点：①在低应力下的脆性断裂，造成疲劳破坏的应力低于屈服强度，材料不会产生明显的塑性变形，断裂突然；②延时断裂，疲劳是一个长期的过程，要经过几百次甚至几百万次的循环；③损伤累积的过程；④微观上经历裂纹萌生、裂纹稳态扩展和裂纹失稳扩展三个阶段。

金属疲劳可以分为两类，高周疲劳和低周疲劳。高周疲劳是指试样在变动载荷试验时，疲劳断裂寿命大于 10^5 周次的疲劳过程。高周疲劳区域主要以弹性应变为主，其最大应力低于拉伸或压缩屈服强度。高周疲劳试验是在控制应力的条件下进行的，并以材料的交变应力幅和循环断裂寿命的关系（即 S-N 曲线）和疲劳极限作为疲劳抗力的特性和指标。

循环应力可以由下列几个参数表征：

最大应力 S_{max}：循环应力中数值最大的应力。

最小应力 S_{min}：循环应力中数值最小的应力。

平均应力 S_m：最大应力与最小应力的平均值，$S_m = \dfrac{S_{max} + S_{min}}{2}$。

应力幅 S_a：最大应力与最小应力差值的平均值，$S_a = \dfrac{S_{max} - S_{min}}{2}$。

应力比 R_s：最小应力与最大应力的比值，$R_s = \dfrac{S_{min}}{S_{max}}$。

（一）疲劳极限

对于高周疲劳，疲劳极限 S_f 是一个非常重要的材料性能指标，它定义为在不发生断裂的情况下材料所能承受的最大应力值。应力越小，试样达到破坏所需要的循环次数越高。当应力低于一定值时，试样可以经受无限次应力循环而不断裂，此应力值即为材料的疲劳极限。对于中低强度钢这一类 S-N 曲线从某应力水平下出现明显的水平部分的材料，如能经受住 10^7 循环周次而不发生疲劳断裂，我们就可以认为其可承受无限次应力循环也不会发生断裂，并将其相应于 10^7 周次不发生断裂的最高应力定义为疲劳极限。而对于高强度钢、钛合金和铝合金等疲劳曲线上没有水平部分的材料，我们人为规定取 10^8 周次所对应的应力定义为材料不发生断裂的疲劳极限。

测定材料的疲劳极限采用升降法进行。应力增量选择在预计疲劳极限的 $5\% \sim 10\%$；测试时，第一根试样的试验应力水平略高于预计疲劳极限，并根据上一根试样的试验结果决定下一根试样的试验应力水平，直至完成全部试验。下面将会具体介绍升降法测定疲劳极限的过程。

（二）S-N 曲线

材料的疲劳性能一般以单轴应力-循环次数的形式表示（S-N 曲线），S-N 曲线是根据材料的疲劳强度实验数据得出的应力 S 和疲劳寿命 N 的关系曲线。S-N 法主要要求材料有无限寿命或者寿命很长，因而应用在零件受很低的应力幅或应变幅的情况，零件的破断周次一般大于 10^5 周次，零件主要只发生弹性变形，亦即所谓高周疲劳的情况。

S-N 曲线测定过程中，先以升降法得到的疲劳极限作为 S-N 曲线最低应力水平，首先采用单点法，然后利用成组法进行测试。测试中取 $5 \sim 6$ 级应力水平测试中值寿命。每一个应力水平做一组试样，每组试样的数量取决于试验数据的分散程度和所要求的置信度，一般每组应不少于 3 个试样。最后以应力振幅 S_a 或最大应力 S_{max} 为纵坐标，以循环次数 N 为横坐标（采用对数表示）绘出 S-N 曲线。具体测试和计算过程详见第（三）小节"疲劳试验方法"。

（三）疲劳试验方法

1. 单点法

单点法仅得到一条初步的 S-N 曲线。试验时，应力水平取 $6 \sim 7$ 级。高应力水平的间隔可取的大一些，随着应力水平的降低，间隔越来越小。最高应力水平可通过预试验确定，光滑试样的预试最大应力约为材料抗拉强度的 $0.6 \sim 0.7$ 倍。试验从最大应力水平开始，逐级下降直至完成全部试验。然后根据各应力水平下测定的应力 S（最大应力或应力振幅）和疲

劳寿命 N 初步绘制出 $S\text{-}N$ 曲线。

2. 升降法

（1）升降法的试验方法

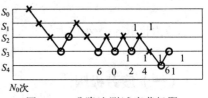

图 17-1　升降法测试疲劳极限
○—通过；✕—未通过

由于低应力区疲劳寿命的分散性，用单点法得到的疲劳极限是很不精确的。为了比较精确地测定材料的疲劳极限，必须使用升降法。根据单点法初步得到的疲劳极限值，再用升降法测定疲劳极限。有效试样数 13～16 根，一般试样的应力增量选择在预计疲劳极限的 5%～10%。应使第一根试验的应力水平略高于预计疲劳极限。根据上一根试样的试验结果（失效或通过）确定下一根试样的应力水平（降低或升高），直至完成全部试验。图 17-1 是升降法测试疲劳极限示意图。

（2）升降法的数据处理方法

对第一次出现相反结果以前的试验数据，如在以后数据波动范围之内则有效。升降的应力水平一般为 4 级左右。采用升降法测定疲劳极限，指定寿命为 10^7 循环周次。对有效数据点进行统计处理，即可得到疲劳极限的平均值 S_{-1}。

$$S_{-1} = \frac{1}{k}\sum_{j=1}^{k}S_j = \frac{1}{n}\sum_{i=1}^{m}v_iS_i \tag{17-1}$$

式中，k 为配成的对子数；n 为有效试样数；m 为应力水平级数；S_j 为用配对法得出的第 j 个疲劳极限值，MPa；S_i 为第 i 个应力水平的应力值，MPa；v_i 为第 i 个应力水平的试样数。

在数据处理时有一个必要条件：当最后一个有效数据点的下一根试样的试验应力，恰好与第一个有效数据点位于同一应力水平时，则有效数据点恰能配成对子。因此在做升降法试验时，一般应试验到最后一个数据点与第一个有效数据点恰好衔接，式（17-1）右边的等式才能成立。

（3）成组试验法

单点法在每个应力水平下只用一个试样，得到的试验结果精度低。为了得到精确的 $S\text{-}N$ 曲线，采用成组试验法，即在单点法得到的 $S\text{-}N$ 曲线的基础上，选取 4～5 级应力水平级数。用成组法测定 $S\text{-}N$ 曲线时，每组试样数量的分配取决于试验数据的分散度，并随应力水平的降低而逐级增加，通常一组需 3～5 根试样。

（四）疲劳断口形貌

疲劳寿命包含疲劳裂纹萌生寿命和疲劳裂纹扩展寿命两个方面。对于一个承受循环载荷的材料来说，疲劳裂纹萌生于微观尺度，然后扩展到宏观尺度，最终经过疲劳寿命的最后一个循环发生失效断裂。对于光滑试样，疲劳裂纹萌生寿命通常占整个疲劳寿命的75%～95%。材料的疲劳裂纹萌生与材料内部结构的不均匀性，尤其是材料表面的缺陷密切相关。

典型的高周疲劳断口宏观形貌如图 17-2 所示（以 A356 铝合金为例），从断口表面形貌可以清楚地观察到断口分三个区域：疲劳裂纹萌生区（图中圆圈部分）、稳定的疲劳裂纹扩展区和最终的瞬断区。疲劳纹源于试样近表面圆圈处，萌生后呈放射状向四周扩展。借助 SEM 将图中圆圈处放大，观察断口的疲劳裂纹萌生区的微观形貌（图 17-3）。可见疲劳裂纹主要萌生于材料外在缺陷，如夹杂和孔洞，如图 17-3（b）和（c）所示。疲劳裂纹也可萌生于材料内部的脆性相，如共晶硅颗粒处发生断裂（以 A356 铝合金为例），如图 17-3（a）所示。

图 17-2　A356 铝合金
疲劳断口宏观形貌

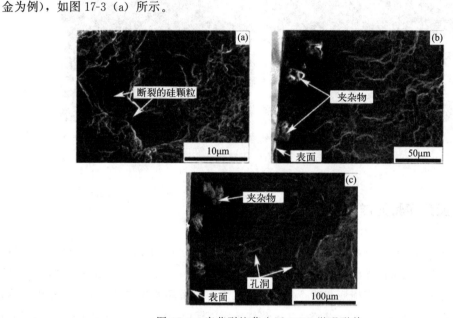

图 17-3　疲劳裂纹萌生区 SEM 微观形貌

疲劳裂纹扩展区的典型特征是有很多疲劳辉纹 [图 17-4（a）]，在 A356 铝合金断口的裂纹扩展区中还可观察到断裂的共晶硅和脱黏的共晶硅 [图 17-4（b）和（c）]。

瞬断区的微观形貌与拉伸试样断口相似。可观察到解理-韧窝混合型断裂形貌，并可观察到断裂和脱黏的共晶硅颗粒，如图 17-5 所示。

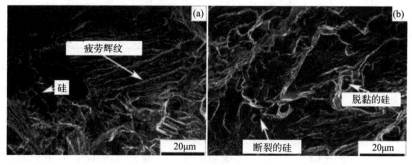

图 17-4

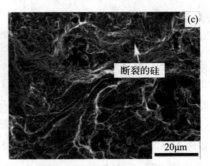

图 17-4 疲劳裂纹扩展区 SEM 微观形貌

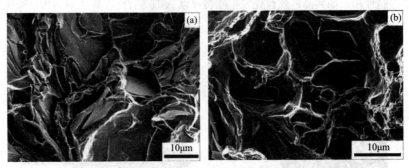

图 17-5 瞬断区 SEM 微观形貌

（五）疲劳实验的样品要求

根据国家标准《金属材料　疲劳试验　轴向力控制方法》（GB/T 3075—2021）进行试样尺寸设计。本实验采用光滑圆柱试样，试验段直径 7mm，如图 17-6。试样的选取应能够代表材料的组织性能。因高周疲劳试验是在弹性范围内的循环加载实验，对应力集中敏感，所以疲劳试样的表面加工精度要求较高，应严格按照国标中规定的加工程序进行加工，以最大限度地避免表面加工缺陷。热处理后建议从纵向铣削、精车和精磨后，再用纵向抛光的方法进行表面最后精加工以去除表面机械加工的划痕。

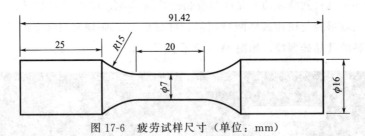

图 17-6 疲劳试样尺寸（单位：mm）

（六）疲劳机简介

本实验设备为 W＋B LFV100-HH 电液伺服疲劳试验机（图 17-7），载荷范围为－50～50kN，包括试验机主机、油源系统和冷却水循环系统三部分。可进行各种静态力学和动态力学试验，静态力学试验包括拉伸、弯曲、压缩等，动态力学试验包括高周疲劳试验、低周疲劳试验、疲劳裂纹扩展试验以及准静态断裂韧性试验等。控制方式可实现应力控制、应变控制和位移控制，并可选择各种应力循环波形，最大加载频率可达100Hz。

图 17-7   W＋B LFV100-HH 电液伺服疲劳试验机

三、实验设备与材料

① 实验设备：电液伺服疲劳试验机，宏观显微镜，扫描电镜等；

② 实验材料：A356 铝合金，经 550℃ 固溶处理及 150℃ 时效处理，试样尺寸如图 17-6。

四、实验内容及步骤

本实验在室温（10～35℃）条件下进行，采用应力控制，拉-拉轴向应力加载方式，应力比 $r=0.1$，采用正弦波波形，加载频率 $f=50Hz$，疲劳实验终止于试样完全断裂或达到 10^7 循环次数。

根据国家标准《金属材料 疲劳试验 轴向力控制方法》（GB/T 3075—2021）测试 A356 铝合金的高周疲劳性能，掌握疲劳极限和 S-N 曲线的测试方法。

（一）测定 S-N 曲线

（1）试样的准备

测试试样应该在测试之前按照国标要求加工完毕并适当保存，试样的几何尺寸应已测量并保存数据。

（2）仪器的准备

首先开启冷却水系统，然后开启控制柜电源钥匙，启动计算机程序并开启液压油源。让液压油空转30min预热至油温40℃左右，然后调出相关测试程序。

（3）安装试样

将试样安装到试验机夹持装置中，并使得夹持端之间的距离尽可能小，以避免造成屈曲。同时需要确保试验机有足够的同轴度精度。

（4）测试开始

安装好试样后，设置测试所需要的加载速率、应力中值、应力振幅、测试频率、最大循环次数等参量。实验在室温（10~35℃）条件下进行，采用应力控制，拉-拉轴向应力加载方式，应力比 $r=0.1$，采用正弦波波形，加载频率 $f=50Hz$。最后设置好保存相关文件的路径及数据存储速率，点击开始按钮正式开始测试，直到试样完全断裂或达到 10^7 循环次数。

（5）测试结束

测试结束后记录试样断裂状态，最终循环次数。断裂后的试样妥善保管并保护好断口，以便后期进行断口分析。从夹头上移除断裂试样，重新开始新的测试或结束试验。结束所有测试后，依次关闭试验机油泵、液压油源、控制程序、控制系统和冷却水循环系统。

（6）测试结果数据处理

① 单点法得到初步 S-N 曲线。依据单点法测试方法的介绍，每级用一个试验件，预估分为9级，得到初步的 S-N 疲劳曲线。应力水平由高到低，每级下降5MPa，直到初步得到在最后一级应力水平下达到 10^7 周次试样不断裂，停止试验。单点法的数据整理采用表17-1的形式，并得到一条初步的 S-N 曲线。

表 17-1 单点法实验原始数据

序号	试样编号	应力水平/MPa	加载载荷/kN	循环次数
1				
2				
3				
4				
5				
6				
7				
8				
9				

② 用升降法获得疲劳极限。根据单点法得到初步的疲劳极限值，应力增量选取初步疲

劳极限值的 5%。表 17-2 为升降法测定疲劳极限的示例表，分级及应力增量见表 17-3。将结果汇总，应用公式（17-1）计算得到疲劳极限。

表 17-2 升降法测定疲劳极限

应力幅 S_a/MPa	结果											水平（i）
												4
										✕		3
												2
									◯			1
												0

注：◯表示通过；✕表示未通过。

表 17-3 升降法分级及应力增量

水平（i）	应力/MPa	未通过次数 f_i	if_i	$i^2 f_i$
4				
3				
2				
1				
0				

③ 成组试验法。在单点法得到的 S-N 曲线基础上，应力水平级数在 $10^4 \sim 10^6$ 之间选取 5 级，做 S-N 曲线的成组试验。根据表 17-4 的原始数据绘制成组试验的 S-N 曲线，作 S_a-lg$N$ 图。

表 17-4 成组试验法原始数据

序号	加载载荷/kN	循环次数 N（$\times 10^4$）	lg$N$
1			
2			
3			
4			
5			
6			
7			
8			
9			
10			
11			
12			
13			

序号	加载载荷/kN	循环次数 N（$\times 10^4$）	lg$N$
14			
15			
16			
17			
18			
19			
20			
21			
22			
23			
24			
25			

根据表 17-4 数据，做 S-N 曲线并拟合。

（二）断口宏观形貌观察

采用光学显微镜对疲劳断口进行宏观形貌观察，区分疲劳断口的三个区域。

（三）断口微观形貌观察

采用扫描电镜对疲劳断口进行微观形貌分析。

五、注意事项

① 实验前确保冷却水循环系统开启，油温在 40℃左右。如若冷却水不开启造成油温过高并超过 65℃，设备会紧急停机并关闭油源。

② 调整好适合的上下夹头夹紧力，既要防止试样打滑，又要避免夹紧力太大造成试样表面损伤。

③ 实验过程中，适当调节设备的 P-I-D 参数，直到使设备的参数满足现有频率的设置，设备正常工作。如设备参数始终无法满足测试要求，则必须降低试验频率重新开始测试。

④ 务必设置好设备保护措施，包括载荷保护和位移保护。

⑤ 如有异常情况和声响，及时按下控制面板的红色紧急停机按钮。

六、实验报告要求

① 绘制 *S-N* 曲线，确定样品的疲劳极限。

② 描述疲劳裂纹萌生区、疲劳裂纹扩展区和瞬断区三个区域的典型特征，并揭示引起该材料疲劳损伤的主要原因。

七、思考题

① *S-N* 曲线的绘制方法。

② 典型的金属疲劳断口微观形貌包括哪几个区域？各自的典型特征有哪些？

実験18

差示扫描量热法实验

一、实验目的

① 熟悉差示扫描量热法（DSC）的原理；
② 熟悉差示扫描量热仪的操作；
③ 掌握利用 DSC 测定材料在加热及冷却中的相变温度；
④ 掌握利用 DSC 测定材料比热容的方法；
⑤ 掌握 DSC 法测定聚合物等温结晶速率的基本原理和实验技术。

二、实验原理与方法

（一）差示扫描量热法（differential scanning calorimetry，DSC）原理

许多物质在加热或冷却过程中，往往会发生诸如脱水、固态相变、熔化、凝固、分解、氧化、聚合等化学或物理变化，因而产生热效应。热分析法是在程序控制温度下，测量物质的物理性质与温度之间关系的一种技术。物理性质包括质量、尺寸、力学特性、声学特性、光学特性、磁学特性及电学特性等。

差示扫描量热法是在程序温度控制下，在加热或冷却过程中，在试样和参比物的温度差保持为零时，测量输入到试样和参比物的功率差与温度或时间的关系。测量得到的曲线称为差示扫描量热（DSC）曲线，纵坐标为单位时间内试样和参比物的功率差或称为热流率，单位为毫瓦（mW），横坐标为时间或温度。曲线离开基线的位移即代表样品的吸热或放热的速率，通常，可定义向上的峰为放热，向下的谷为吸热，而曲线中峰和谷包围的面积代表热量的变化，即试样的热效应。

参比物必须为热惰性材料，热容量和导热率应和样品匹配，一般选用氧化铝，样品量少时可直接用空坩埚。

根据测量方法不同，分为功率补偿型差示扫描量热法和热流型差示扫描量热法。图 18-1（a）

为功率补偿型 DSC 原理图，在样品和参比物始终保持相同温度的条件下测定两端所需能量差，直接作为热流率输出。图 18-1（b）为热流型 DSC 原理图，在给予样品和参比物相同的功率下，测定样品和参比物两端的温差，然后根据热流方程将温差换算成热流率输出。

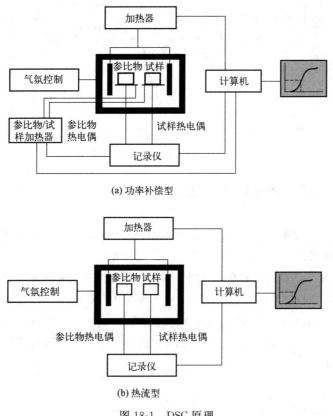

图 18-1　DSC 原理

利用差示扫描量热仪，可以研究材料的熔融与结晶过程、结晶度、玻璃化转变、相转变、液晶转变、氧化稳定性（氧化诱导期）、反应温度与反应热熔，测定物质的比热、纯度，研究高分子共混物的相容性、热固性树脂的固化过程，进行反应动力学研究等。

图 18-2 为某高聚物的 DSC 曲线，其基线是水平线，直至发生组织转变时才产生拐折。在加热过程中试样发生玻璃化转变，玻璃化转变是高聚物无定形部分从冻结状态到解冻状态的一种松弛现象，并不像相转变那样有相变热，材料的热容发生变化，使 DSC 曲线上的基线向吸热方向发生阶梯状的位移。温度继续升高，样品发生结晶，释放出大量结晶热而产生向上的放热峰。进一步升温，发生熔融时就要吸热而出现吸热峰，温度再继续升高，还将发生交联、氧化、裂解等转变。因此从该曲线上可测得其对应的特征温度即玻璃化转变温度 T_g、结晶温度 T_c、熔融温度 T_m、氧化温度 T_{ox}、裂解温度 T_d 等。

需要指出的是，对于高分子材料的熔融与玻璃化测试，以相同的升温和降温速率进行第一次升温和冷却，再以相同的升温和降温速率进行第二次升温和冷却，以第二次测试得到的曲线作为测定各特征温度的依据，这样有助于消除历史效应（冷却历史、应力历史、形态历史等）的干扰，并有助于不同样品之间的比较。

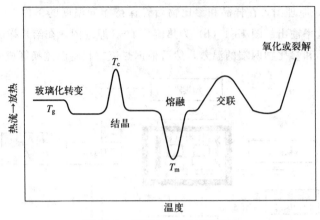

图 18-2　高聚物 DSC 曲线示意

（二）差示扫描量热法测定比热容

比热容可用 DSC 测定，这一方法与常规的量热计法相比，具有试样用量少，测试速度快和操作简便的优点。

使用 DSC 测定比热容的步骤是，先用空坩埚在较低温度（T_1）记录一段恒温基线，然后程序升温，最后在较高温度（T_2）恒温，由此得到的自温度 T_1 至 T_2 的曲线称为基线的空载曲线，见图 18-3（b）。T_1 至 T_2 是本次实验的测温区间。此后测量 T_1 至 T_2 温度区间内标准试样（蓝宝石）与待测试样的 DSC 曲线，见图 18-3（a）。升温过程中传入试样的热流率 $\dfrac{\mathrm{d}H}{\mathrm{d}t}$ 可用下式表示。

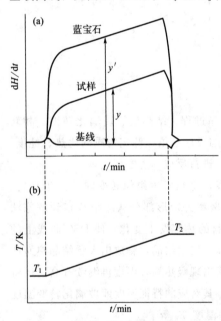

图 18-3　DSC 测定比热容方法示意

$$\frac{\mathrm{d}H}{\mathrm{d}t}=C_p m\,\frac{\mathrm{d}T}{\mathrm{d}t} \tag{18-1}$$

式中，$\mathrm{d}T/\mathrm{d}t$ 为升温速率；C_p 是待测试样的定压比热容；m 是待测试样的质量。公式（18-1）是根据定压比热容定义导出的，适用于没有物态和化学组成变化的且不做非体积功的等压过程。实践证明，此法得到的 C_p 值误差较大。可采用比较法，按下式计算。

$$C_p = C_p'\frac{m'}{m}\times\frac{y}{y'} \tag{18-2}$$

式中，C_p' 是标准试样的定压比热容；m' 是标准试样的质量；y 和 y' 可从图 18-3（a）中得到。

（三）差示扫描量热法测定聚合物等温结晶速率的基本原理

聚合物的结晶过程是聚合物分子链由无序排列转变成在三维空间中有规则排列的过程。

结晶的条件不同，晶体的形态及大小也不同，结晶过程是高分子材料加工成型过程中的一个重要环节，它直接影响制品的使用性能。因此，对聚合物结晶速率的研究和测定有重要的意义。

测定聚合物等温结晶速率的方法很多，其原理都是基于对伴随结晶过程的热力学性能、物理性能或光学性能的变化的测定，如差示扫描量热法、X 射线衍射法、光学解偏振法、膨胀计法等都是如此。本实验采用 DSC 法，它具有制样简便、操作容易、实验重复性好等优点。

采用 DSC 法测定聚合物的等温结晶速率时，首先将样品装入样品池，加热到熔点以上某温度保温一段时间，消除热历史，然后迅速降到并保持某一低于熔点的温度，记录结晶热随时间的变化，如图 18-4（a）。可以看到随结晶过程的进行，DSC 谱图上出现一个结晶放热峰。当曲线回到基线时，表明结晶过程已完成。记放热峰总面积为 A_0，从结晶起始时刻（t_0）到任一时刻 t 的放热峰面积 A_t 与 A_0 之比记为结晶分数 $X(t)$：$X(t) = \dfrac{A_t}{A_0}$。

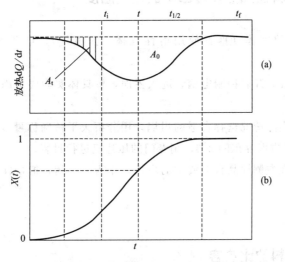

图 18-4　DSC 法测定等温结晶速率
(a) 等温结晶 DSC 曲线；(b) 结晶分数与时间关系

以结晶分数 $X(t)$ 对时间作图，可得到图 18-4（b）所示的 S 形曲线。这种形状代表了三个不同的结晶阶段。第一阶段相当于曲线起始的低斜率段，代表成核阶段，又称为结晶的诱导期；第二阶段曲线斜率迅速增加，为晶体放射性生长，形成球晶的阶段，称为一次结晶；曲线斜率再次减小即进入第三阶段，此阶段大多数球晶发生碰撞，结晶只能在球晶的缝隙间进行，生成附加晶片，称为二次结晶。

聚合物等温结晶过程可以用 Avrami 方程进行描述。

$$1 - X = \exp(-Kt^n) \tag{18-3}$$

式中，X 为结晶分数；K 为总结晶速率常数；n 为 Avrami 指数，与成核机理和晶粒生长的方式有关。对 Avrami 方程取两次对数得：

$$\lg[-\ln(1-X)] = \lg K + n\lg t \tag{18-4}$$

以 $\lg[-\ln(1-X)]$ 对 $\lg t$ 作图得一直线，斜率为 Avrami 指数，截距为 $\lg K$。

三、实验设备与样品

① 差示扫描量热仪；

② 分析天平；

③ 实验样品：铟、锡、PVC 粉末、聚对苯二甲酸乙二醇酯（PET）粒料等。

四、实验内容及步骤

（一）测定材料在加热及冷却中的相变温度

① 确定实验用的气体（推荐使用惰性气体，如氮气），打开气源，调节输出压力为 0.1MPa；

② 打开设备电源，开启控制电脑，进入界面，按具体实验要求添加实验参数（加热温度、加热速率等）；

③ 根据样品和实际情况选择合适的坩埚，用分析天平精确称量试样质量；把样品放入坩埚，样品量不超过坩埚容积的 2/3，用专门的压片机进行封装；

④ 打开炉盖，在左侧样品台上放空的坩埚，作为参照物，把带样品的坩埚放在右侧样品台上；

⑤ 启动实验。

（二）测定材料的比热容

① 用分析天平精确称量待测试样质量；

② 把样品放入坩埚，用压片机压紧；

③ 打开设备电源，开启控制电脑，进入界面，本次实验中采用的实验参数为：首先在 50℃等温 10min，然后以 20℃/min 加热至 250℃，再保温 10min；

④ 测量空坩埚的 DSC 曲线，得到空载曲线［称为空白实验（blank run），试样端和参照端皆为空坩埚］；

⑤ 测量标准试样（蓝宝石）的 DSC 曲线［称为校准实验（calibration run），试样端为标样，参照端为空坩埚］；

⑥ 测量待测试样的 DSC 曲线［称为试样实验（specimen run），试样端为试样，参照端为空坩埚］；

⑦ 根据实验数据计算所测样品的比热容。

（三）测定聚合物的等温结晶速率

（1）试样制备

取 PET 样品 5～10mg 称重后放入铝坩埚中，用铝坩埚盖盖好，压紧，并用钢针在坩埚上扎一个洞。

（2）DSC 测试

打开测试软件，编写实验参数：首先在 50℃ 等温 10min，然后以 50℃/min 加热至 300℃，保温 3min，再以 100℃/min 降温至结晶温度，等温 10min。

（3）DSC 数据处理

绘制等温结晶曲线。

五、实验报告要求

① 根据实验所得到的曲线采用切线法定出相转变临界点。

② 根据测定的实验曲线，计算比热容。

③ 根据测试得到的等温结晶曲线，绘制不同温度下的 $X\text{-}t$ 曲线，以 $\lg[-\ln(1-X)]$ 对 $\lg t$ 作图，计算 Avrami 指数 n 及总结晶速率常数 K。

六、思考题

① 讨论影响 DSC 实验结果的因素。

② 结合实验讨论结晶温度对聚合物结晶动力学有何影响和实验中应注意的问题。

实验19

热重分析实验

一、实验目的

① 了解热重分析仪的原理；

② 通过实验，学会热重曲线的分析。

二、实验原理与方法

热重分析法（thermogravimetric analysis，TGA）是在程序控温和某特定气氛下测定样品重量随温度的变化。TGA 得到热重（TG）曲线，纵坐标为样品的质量，横坐标为温度或时间。通过分析热重曲线，我们可以知道样品及其可能产生的中间产物的组成、热稳定性、热分解情况及生成的产物等与质量相联系的信息，也可用于测定样品氧化、脱水、吸附等过程中的重量变化。

热重分析仪主要由记录天平、炉子、程序控温系统、记录系统等几个部分构成。图 19-1 是 TA 公司的 Discovery55 热重分析仪结构示意图，该类型热重分析仪中的天平是基于零点平衡原理。在零点位置时，两个光电二极管的光通量相等。如果样品重量发生变化，天平偏移零点位置，光通量不相等，电磁作用力使天平恢复到原来的平衡位置。所施加的力与重量变化成正比，而这个力与转换机构线圈中的电流量成正比关系。因此重量增加或降低的值与所施加的电流值成正比关系。图 19-2 是该仪器的外观（a）和内部结构（b）。

从热重法可以派生出微商热重法，也称导数热重法，它是记录 TG 曲线对温度或时间的一阶导数，即 DTG 曲线。DTG 曲线的特点是，它能精确反映出每个失重阶段的起始反应温度、最大反应速率温度和反应终止温度；当 TG 曲线对某些受热过程出现的台阶不明显时，可利用 DTG 曲线进行区分，见图 19-3。

如图 19-3 所示，开始加热时，由于试样表面残余吸附水等小分子物质的热分解，试样有少量的质量损失；经过一段时间的加热后，温度到达 T_1，试样开始分解，质量下降，至 T_2，损失率为 $(Y_1 - Y_2)\%$；在 T_2 至 T_3 阶段，试样中的稳定相质量保持恒定，温度继续升高，试样再进一步分解。图 19-3 中 T_1 称为分解温度，也可将 C 点的切线与 AB 延长线的交点 T_1' 作为分解温度。

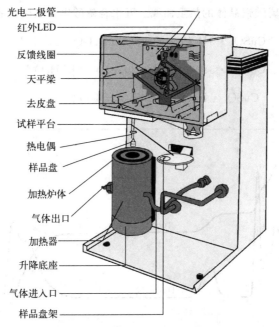

光电二极管
红外LED
反馈线圈
天平梁
去皮盘
试样平台
热电偶
样品盘
加热炉体
气体出口
加热器
升降底座
气体进入口
样品盘架

图 19-1 Discovery55 热重分析仪内部结构示意

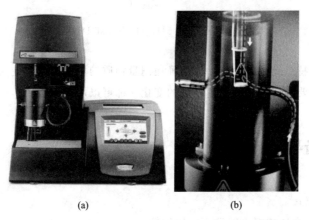

(a)   (b)

图 19-2 Discovery55 热重分析仪的外观（a）和内部结构（b）

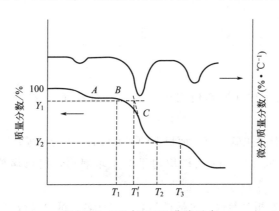

图 19-3 TG 与 DTG 曲线示意

图 19-4 是五水合硫酸铜晶体的热重曲线。五水合硫酸铜分三阶段脱水，即

$$CuSO_4 \cdot 5H_2O \longrightarrow CuSO_4 \cdot 3H_2O + 2H_2O \uparrow$$

$$CuSO_4 \cdot 3H_2O \longrightarrow CuSO_4 \cdot H_2O + 2H_2O \uparrow$$

$$CuSO_4 \cdot H_2O \longrightarrow CuSO_4 + H_2O \uparrow$$

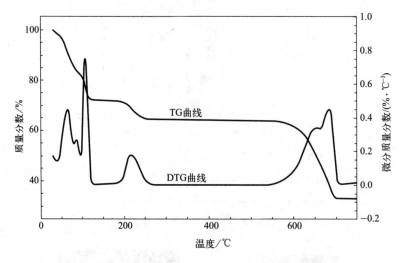

图 19-4　$CuSO_4 \cdot 5H_2O$ 的 TG 和 DTG 曲线

　　热重法的主要特点是定量性强，能准确地测量物质的质量变化及变化的速率。根据这一特点，可以说，只要物质受热时发生质量的变化，都可以用热重法。

三、实验设备与材料

　　① 热重分析仪；
　　② 试样：五水合硫酸铜、碳酸钙、橡胶等。

四、实验步骤

　　① 确定实验用的气体（推荐使用惰性气体，如氮气），打开气源，调节输出压力为 0.1MPa；
　　② 打开热重分析仪及电脑，点击面板上的"TARE"进行调零；
　　③ 取下空坩埚，取 2～5mg 试样均匀平铺于坩埚内，把坩埚放在样品架上，点击"loading"键；
　　④ 在软件上设置好相关参数，包括样品名、文件名、试验参数（加热温度、加热速率等），确定保护气氛流量（通常约为 50mL/min）；

⑤ 点击"start"运行实验，实验完毕后，待炉温降到 50℃ 以下后，关闭电脑及热重分析仪。

五、实验报告要求

① 根据实验所得到的曲线，采用切线法定分解温度及分解比例。
② 根据五水合硫酸铜分子式计算水分子的质量百分比，与本次实验结果的分解比例是否一致？如果不一致，请分析原因。

六、思考题

① 热重实验结果的影响因素有哪些？
② 在把样品放进坩埚后，为何不能把坩埚直接挂到挂钩上？

材料电阻的测量及其应用

一、实验目的

① 熟悉并掌握四端法、涡流法及四探针法测量材料的电阻。

② 了解被测电阻的微量变化与材料组织结构变化的关系。

二、实验原理与方法

材料导电性的测量实际上归结于一定几何尺寸试样电阻的测量。电阻是基本电学参数，针对不同情况，有各种成熟的测量方法，主要有伏安法、电桥法、四端电极法（或称四探针法）以及高阻计法。在测量材料电阻的过程中，电路中的导线、导线接头或器件触点的接触电阻，测量仪表的内阻以及被测电阻间的连接关系、阻值比例等多种因素都会影响测量结果的精确度。具体采用何种方式测试，应根据阻值大小、精确度要求和具体条件选择不同的方法。

电阻率是反映材料导电性能好坏的物理量，与材料的化学成分、组织状态及温度有关。不同的金属有不同的电阻率，加入合金元素电阻率就发生变化，如固溶体的电阻率就比纯金属高。金属材料的电阻率与组织状态有关，同一种钢淬火后较回火及退火后的电阻率高。因此，测量电阻可以用来探测材料中与组织结构变化有关的一切过程。

（一）四端法

采用四端法测量电阻，即每个被测对象都采用四根引线，其中两根为电流引线，两根为电压引线。图 20-1 为四端法原理示意。

图 20-1 中，R_x 是待测电阻，R_n 是标准电阻。测量标准电阻 R_n 上的电压获得 U_n，当测量到待测电阻 R_x 上的电压 U_x 时，则 R_x 的值为：

$$R_x = R_n \frac{U_x}{U_n} \tag{20-1}$$

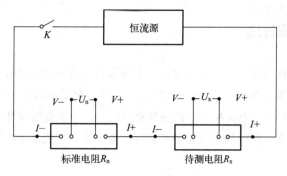

图 20-1 四端法原理

在四端法测量过程中，恒流源通过两根电流引线将测量电流 I 提供给待测电阻，而数字电压表则是通过两根电压引线来测量电流 I 在待测电阻上所形成的电势差 U，由于两根电压引线与待测电阻的接点处在两根电流引线的接点之间，因此排除了电流引线与待测电阻之间的接触电阻对测量的影响；又由于数字电压表的输入阻抗很高，电压引线的引线电阻以及它们与样品之间的接触电阻对测量的影响可以忽略不计。因此，四端法减少甚至排除了引线和接触电阻对测量的影响，是国际上通用的低值电阻标准测量方法。

为了消除热电势等其他因素的影响，在电流回路上设置倒向开关，反复测量电流正、反向流过时的电阻值，取其平均值。四端法要求材料是长条状的，截面积越小、长度越长，精度越高。

（二）涡流法

涡流法测量电导率的基本原理是根据电磁场理论的电磁感应现象，当载有交变电流的线圈（也称探头）接近导电材料表面时，由于线圈交变磁场的作用，在材料表面和近表面感应出旋涡状电流，此电流即为涡流。材料中的涡流又产生自己的磁场反作用于线圈，这种反作用的大小与材料表面和近表面的电导率有关。通过涡流导电仪可直接检测出非铁磁性导电材料的电导率。

在涡流检测中，试样内涡流密度下降至表面涡流密度的 $1/e$（约 37%）时的深度称为标准渗透深度，该深度的计算公式为：

$$\delta = \frac{1}{\sqrt{\mu \mu_0 \mu_r \pi f \sigma}} \tag{20-2}$$

式中，δ 为标准透入深度，m；σ 为试样的电导率，S/m，$\sigma = 1/\rho$；μ_0 为真空磁导率，其值为 $\mu_0 = 4\pi \times 10^{-7} \text{N/A}^2$；$\mu_r$ 为相对磁导率，对于非铁磁性金属，μ_r 近似为 1；f 为测试频率，Hz。

涡流法测电导率的优点是无需把样品做成细条状，方便快捷，缺点是每次测试前要用标准样品进行校准。

（三）直流四探针法

直流四探针法也称为四电极法，主要用于半导体材料或薄膜等低电阻率的测量。使用的仪器以及与样品的接线如图 20-2 所示。由图 20-2 可见，测试时四根金属探针与样品表面接触，外侧两根（1、4）为通电流探针，内侧两根（2、3）为测电压探针。由电流源输入小电流使样品内部产生压降，同时用高阻抗的静电计、电子毫伏计或数字电压表测出其他两根探针的电压即 V_{23}（V）。

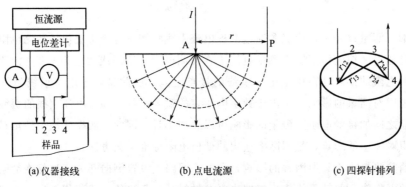

| (a) 仪器接线 | (b) 点电流源 | (c) 四探针排列 |

图 20-2　四探针法测试原理示意

若一块电阻率为 ρ 的均匀半导体样品，其几何尺寸相对于探针间距来说可以看作半无限大。探针引入的电流源的电流为 I，由于均匀导体内恒定电场的等位面为球面，则在半径为 r 处的等位面的面积为 $2\pi r^2$，电流密度为：

$$j = I/2\pi r^2 \tag{20-3}$$

根据电导率与电流密度的关系可得：

$$E = \frac{j}{\sigma} = \frac{I}{2\pi r^2 \sigma} = \frac{I\rho}{2\pi r^2} \tag{20-4}$$

则距点电荷 r 处的电势为：

$$V = \frac{I\rho}{2\pi r} \tag{20-5}$$

半导体内各点的电势应为四个探针在该点形成电势的矢量和。通过数学推导可得四探针法测量电阻率的公式为：

$$\rho = \frac{V_{23}}{I} \times 2\pi \left(\frac{1}{r_{12}} - \frac{1}{r_{24}} - \frac{1}{r_{13}} + \frac{1}{r_{34}} \right)^{-1} = C \frac{V_{23}}{I} \tag{20-6}$$

式中，$C = 2\pi \left(\frac{1}{r_{12}} - \frac{1}{r_{24}} - \frac{1}{r_{13}} + \frac{1}{r_{34}} \right)^{-1}$ 为探针系数，单位为 cm；r_{12}、r_{24}、r_{13}、r_{34} 分别为相应探针间的距离，见图 20-2（c）。若四探针在同一平面的同一直线上，其间距分别为 S_1、S_2、S_3，且 $S_1 = S_2 = S_3 = S$ 时，则

$$\rho = \frac{V_{23}}{I} \times 2\pi \left(\frac{1}{S_1} - \frac{1}{S_2 + S_3} - \frac{1}{S_1 + S_2} + \frac{1}{S_3} \right)^{-1} = \frac{V_{23}}{I} 2\pi S \qquad (20\text{-}7)$$

这就是常见的直流等间距四探针法测电阻率的公式。

为了减小测量区域，观察电阻率的不均匀性，四根探针不一定都排成一直线，而可排成正方形或矩形，此时，只需改变计算电阻率公式中的探针系数 C。

四探针法的优点是探针与半导体样品之间不要求制备合金结电极，这给测量带来了方便。四探针法可以测量样品沿径向分布的断面电阻率，从而可以观察电阻率的不均匀情况。由于这种方法可迅速、方便、无破坏地测量任意形状的样品且精度较高，适合于大批量生产中使用。但由于该方法受针距的限制，很难发现小于 0.5mm 两点间电阻的变化。

本实验中选用的第 1 种材料是镍基合金，其化学成分（%，质量分数）主要为：Cr 15～19，Mo 4～6，W 2～3.5，Ti 1.9～2.8，Al 1.0～1.7，Nb 0.5～1.0，余为 Ni。合金经不同热处理在基体上可以出现各种类型碳化物和 γ' 相 $Ni_3(Al, Ti)$。而相变的结果将引起材料导电性能的变化。为了研究时效过程中的转变，把合金加热到 1070℃，保温 8h 空冷（淬火）使碳化物处于稳定状态，而 γ' 相完全溶解于基体。随后作不同温度时效。设 ρ_0 为淬火态的电阻率，ρ 为各时效态的电阻率，则 $\Delta\rho = \rho - \rho_0$，$\Delta\rho$ 随回火温度的变化可以反映出合金元素在固溶体中的偏聚、γ' 相的析出、过时效和 γ' 相的重新溶解等过程。

本实验采用的第 2 种材料是铝镁硅合金。Al-Mg-Si 系合金为可热处理强化的变形铝合金，在时效初期，固溶体中析出极细小弥散小区域（称为二度晶核或 GP 区），由于这些二度晶核的出现使导电电子发生散射，因而导致电阻增大。当合金开始脱溶析出 Mg_2Si 时，电阻开始下降。随着时效温度的升高和时间的延长，新相的析出量增加，合金的电阻进一步下降。

三、实验设备与材料

① 精密欧姆表；
② 涡流电导仪；
③ 四探针测量仪；
④ 试样夹具，游标卡尺，加热台等；
⑤ 实验样品：镍基合金、铝镁硅合金、硅片等。

四、实验内容及步骤

（一）镍合金的电阻率测量

① 试样制备（由实验室完成）：合金经热处理（1070℃固溶）后加工成试样并分别进行

500℃、600℃、700℃、800℃、900℃、1000℃时效处理。

② 欧姆表开机，并预热 10min。

③ 测量并记录各试样的直径 D（测三点取平均值），并计算截面积 S。

④ 将试样放在夹具上，把电流夹头接在样品两端，测量电压的夹头接到夹具上的铜片上。记录显示屏上的数值。

⑤ 改变工作电流方向，重复上述步骤，记下读数，取两次测量值的平均值。

⑥ 更换试样重复以上测试。最后用游标卡尺在夹具上量出试样电压线刀口中心距离 L。

⑦ 根据试样截面积 S、长度 L 和电阻 R_x，计算不同工艺试样的电阻率并列表。

（二）铝合金的电导率测量

① 合金经热处理（540℃固溶）后加工成块状试样并分别进行 160℃、170℃、180℃、190℃、200℃、210℃时效处理。

② 涡流电导仪开机，并预热 10min。

③ 首先进行校准。第一步校准是把测量探头垂直放在低值标样（铝样品）的表面上，测量电导率值，若测量值与标准值相等，则通过第一步校准，若数值不相等，保持探头与标样的接触，进行校准，即把测量值调节到与标准值相等；第二步校准是把测量探头垂直放在高值标样（铜样品）的表面上，测量电导率值，若测量值与标准值相等，则通过第二步校准，若数值不相等，保持探头与标样的接触，进行校准，即把测量值调节到与标准值相等。

④ 把探头放在待测样品的表面，进行测量；依次完成各个样品的电导率测量。

（三）硅片电阻的测量

① 预热。打开四探针测量仪电源开关，使仪器预热 30min。

② 放置被测样品。首先拧动四探针支架上的铜螺柱，松开四探针与小平台的接触，将样品放置于小平台上，然后再拧动铜螺柱，使四探针的所有针尖同样品薄膜有良好的接触即可。注意：在拧动四探针架上的铜螺柱时，用手扶住四探针架，不要让四探针在样品表面滑动，以免探针的针尖滑伤薄膜，也不要拧得过紧，以免四探针的针尖严重刺伤样品薄膜，只要四探针的所有针尖同样品薄膜有良好的接触即可。

③ 联机。将四探针的四个接线端子，分别正确地接入相应的电流源输出孔和电压表输入孔上。注意：在联接电流源前，应先将其电流输出调节到零，电压表可选择在 0.2V 或 2V 量程。

④ 测量。选择合适的电流输出量程，适当调节电流（粗调及细调），测量出样品在不同电流下的电压值。根据电流和电压值计算出电阻值，再算出其电阻率。

四探针使用注意事项：

① 在切换电流量程时，应先将电流输出调至近零，以免造成电流对样品的冲击。

② 在选择电流时，对某些样品，最大电流值所对应的电压值一般不超过 5mV。流过样品薄膜的电流太大，会导致样品发热，从而影响测量。

③ 在某一电流值下测量电压时，可分别测量正、反向电压（通过按下电流源的正向或反向按键来实现），再取其大小的平均值。

④ 更换被测样品时，一定要把电流源的电流调为零。

（四）拓展实验

把样品放在加热台上，缓慢升温，测量样品在不同温度下的电阻率或电导率。

五、实验报告要求

① 以温度为横轴，以不同温度时效试样的电阻率或电导率为纵轴，画出曲线，得到电阻率或电导率随温度变化的规律。

② 分析在时效过程中电阻率变化与组织、结构状态的关系。

六、思考题

本实验中针对两种合金，分别采用了两种不同测量方法，能互换这两种方法吗？为什么？

材料磁性参数的测量

一、实验目的

① 熟悉冲击法测量磁性参数的测试方法。

② 测定软磁材料的磁化曲线和磁滞回线。

二、实验原理

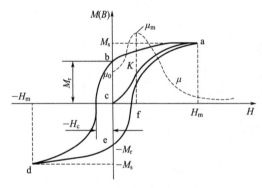

图 21-1 铁磁体的磁化曲线和磁滞回线

铁磁性物质的磁化曲线（M-H 或 B-H）是非线性的。如图 21-1 所示，随磁场强度的增加，磁化强度 M 或磁感应强度 B 开始时增加较缓慢，然后迅速增加，再转而缓慢增加，最后磁化饱和，磁化强度不再随磁场强度增加而增加。M_s 称为饱和磁化强度，B_s 称为饱和磁感应强度。对一个磁化至饱和的样品退磁时，M 并不按照磁化曲线反方向进行，有滞后现象。当 H 减小到零时，$M = M_r$（$B_r = \mu_0 M_r$）。M_r 或 B_r 称为剩余磁化强度或剩余磁

感应强度（简称剩磁）。若欲使 $M = 0$，则必须加一个反向磁场，称作矫顽力 H_c。反向磁场强度 H 继续增加，可至反向饱和。如图 21-1 中所示，当 H 从 $+H_m$ 变到 $-H_m$ 再回到 $+H_m$，试样的磁化曲线形成一条封闭的曲线，称为磁滞回线。

磁性材料按矫顽力大小可分为两类：矫顽力很大的硬磁材料和矫顽力很小的软磁材料。

测磁性材料的磁化曲线和磁滞回线，最常用的是冲击法。本实验中采用的仪器为直流磁特性测量仪，其磁化电源扫描控制器、积分器和 XY 记录仪连结时的原理图如图 21-2 所示。

在样品上绕上初级线圈 N_1 和次级线圈 N_2，在初级线圈中通一电流 I，从而在线圈 N_1 中产生一磁场 H，同时在样品中产生了磁通 Φ，当此磁通发生变化时就在样品次级线圈中产生一感应电压 U_2。

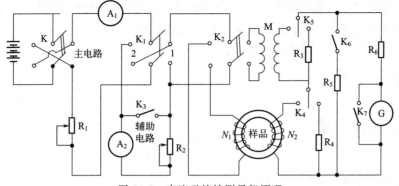

图 21-2　直流磁特性测量仪原理

$$U_2 = N_2 \frac{\mathrm{d}\Phi}{\mathrm{d}t} \tag{21-1}$$

$$\Phi = \frac{1}{N_2}\int U_2\,\mathrm{d}t \tag{21-2}$$

$$B = \frac{\Phi}{A} = \frac{\int U_2\,\mathrm{d}t}{N_2 A} \tag{21-3}$$

$$H = \frac{0.4 N_1 I}{D} = KI \tag{21-4}$$

式中，D 为样品的平均直径，cm，$D = (D_{\mathrm{in}} + D_{\mathrm{out}})/2$；$N_1$ 为样品的初级绕组圈数；N_2 为样品的次级绕组圈数；I 为样品的初级磁化电流；A 为样品的横截面积；B 为磁感应强度；H 为磁场强度；K 为比例系数。

由公式（21-4）可知 H 正比于 I，所以从与样品 N_1 串联的分流电阻上取出一定的电压 U_1，经过扫描发生器的第一级带有 H 定标器的放大器运算后其输出加到 XY 记录仪的 X 端作为所测的磁场强度值（H），所以扫描控制器和电流量程选择的配合能产生所需的数值连续变化的 IH_m 的扫描磁场。

次级线圈感应出的电压 U_2 通过积分器得到 U_2 的积分值经过 B 定标器得到磁感应强度 B 值，将其加到 XY 记录仪 Y 端，从而在 XY 记录仪上能自动连续地绘出样品的磁滞回线。

三、实验设备与材料

① 直流磁特性测量仪；
② 实验样品：坡莫合金。

四、实验步骤

① 在环型试样（若试样为薄片状或细丝状可绕成环型）上仔细绕上初级线圈和次级线圈；

② 将样品的初、次级线圈 N_1 和 N_2 分别连接到电流输出端和积分放大器的端口；

③ 根据不同的样品选择合适的测量电流，磁通量程；

④ 打开电源，对积分器进行漂移校正；

⑤ 开始正式测量。

五、实验报告要求

根据所测得的曲线定出 M_s、M_r 和 H_c。

六、思考题

讨论该仪器装置是否适合测量硬磁材料。

磁性薄膜的磁电阻测量

一、实验目的

① 掌握磁电阻（MR），各向异性磁电阻（AMR）等基本概念和知识；

② 了解和掌握四探针法测量磁性薄膜磁电阻的原理和方法。

二、实验原理与方法

磁电阻（magnetoresistance，MR）效应是指物质在磁场作用下电阻发生变化的现象。按磁电阻效应的机理和大小，磁电阻效应一般可以分为正常磁电阻（ordinary MR，OMR）效应、各向异性磁电阻（anisotropic MR，AMR）效应、巨磁电阻（giant MR，GMR）效应。

正常磁电阻效应存在于所有金属中，由于传导电子受到磁场的洛伦兹力作用作回旋运动，从而使其有效的平均自由程减小所致。正常磁电阻 OMR 可以用下式来计算。

$$\text{OMR} = \frac{R(H) - R(0)}{R(0)} \times 100\% = \frac{\rho(H) - \rho(0)}{\rho(0)} \times 100\% \qquad (22\text{-}1)$$

式中，$R(H)$、$\rho(H)$、$R(0)$、$\rho(0)$ 分别表示一定温度下，磁场强度为 H 或无外磁场时金属的电阻或电阻率。

正常磁电阻效应的特点：

① 一般材料的磁电阻值很小，大于零，但很小，通常小于 1%。例如在磁感应强度为 10^{-3} T 时，Cu 的正常磁电阻 OMR 只有 $4 \times 10^{-8}\%$。

② 各向异性。$\rho(90°) > \rho(0°)$ [$\rho(90°)$ 和 $\rho(0°)$ 分别表示外加磁场与样品电流方向垂直及平行时的电阻率]。

③ 当磁感应强度不高时，OMR 正比于 H^2。

OMR 来源于磁场对电子的洛伦兹力，该力导致载流子运动发生偏转或产生螺旋运动，使电子碰撞概率增加，从而使电阻升高。

各向异性磁电阻效应（AMR效应）指在铁磁性的过渡族金属、合金中，材料的磁阻与其在磁场中的磁化方向有关，即磁阻值是其磁化方向与电流方向之间夹角的函数。各向异性磁阻的电阻率随取向的变化满足下式。

$$\rho(\varphi)=\rho(90^\circ)+[\rho(0^\circ)-\rho(90^\circ)]\cos^2\varphi \tag{22-2}$$

式中，φ、90°、0°为材料的磁化方向与其电流方向的夹角。正是由于磁阻的各向异性，因而可以作为测定材料方位的一种手段。各向异性磁电阻效应的大小通常用 AMR 来表示，即

$$AMR=\frac{\Delta\rho}{\rho_0}=\frac{\rho(0^\circ)-\rho(90^\circ)}{\rho_0}\times100\% \tag{22-3}$$

式中，ρ_0为铁磁材料在理想退磁状态下的电阻率。不过由于理想的退磁状态很难实现，通常 ρ_0 近似等于平均电阻率，即 $\rho_0\approx\overline{\rho}=\dfrac{\rho(0^\circ)+\rho(90^\circ)}{2}$。

Ni-Fe 坡莫合金的 AMR 效应要大于纯 Ni 或纯 Fe，室温下 Ni-Fe 坡莫合金的 AMR 值大约为 2.5%。由于最大的 AMR 值是在磁化到饱和状态下得到的，所以还定义了单位磁场所引起的电阻率的变化作为器件的灵敏度指标。Ni-Fe 坡莫合金薄膜的灵敏度是 0.25%。各向异性磁电阻效应虽然比较小，但作为平面内磁记录（如硬盘等）的读出磁头已经得到了应用。今天它仍在读出磁头和各类传感器中起着重要的作用。各向异性磁电阻效应是由于传导电子在铁磁性的过渡族金属中受到了各向异性散射而引起的。在过渡族铁磁性金属、合金中，对导电起主要作用的是 4s 电子。这些 4s 电子与 3d 电子产生相互作用，被 3d 电子散射后，再回到 4s 状态。这种 s→d→s 的跃迁，受到自旋-轨道相互作用的影响，使得散射的跃迁概率为各向异性，其结果是电流和外加磁场的相对方向不同，电阻率不同。

由于铁磁金属薄膜的磁电阻很低，它的电阻率测量需要采用四端接线法。本实验中采用四探针法，图 22-1 为四探针法测量铁磁金属薄膜磁电阻的原理。磁性薄膜样品上所加的磁场由亥姆霍兹线圈提供，磁场可从从零线性增加到 180Oe，磁场灵敏度可达 0.5Oe；样品放在位于线圈中心的样品台上，线圈可在 360°范围内绕样品旋转；四探针组件是由具有引线且被固定在一个架子上的四根探针组成，相邻两探针的间距为 3mm，探针针尖的直径约 200μm；SB118 精密直流电压电流源提供一个精密恒流源，它的输出电流在 1μA～200mA 范围内可调，精度为 ±0.03%；PZ158A 直流数字电压表具有 6 位半字长、0.1μV 电压分辨率

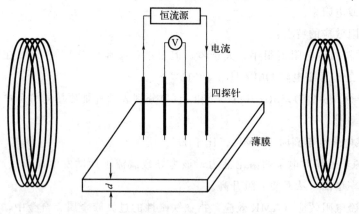

图 22-1　四探针法测量铁磁金属薄膜磁电阻原理

的带单片机处理技术的高精度电子测量仪器，分别具有 200mV、2V、20V、200V、1000V 的量程，其精度为±0.006％；为亥姆霍兹线圈提供电流的 HY1791-10S 直流电源的输出电流在 0～10A，其精度为±0.1％。

三、实验设备与样品

① 亥姆霍兹线圈；

② 四探针组件；

③ HY1791-10S 直流电源；

④ SB118 精密直流电压电流源；

⑤ PZ158A 直流数字电压表；

⑥ 实验样品：不同沉积条件制备的 NiFe 薄膜和 NiFe/Cu/NiFe 三层薄膜样品。

四、实验步骤

① 打开 HY1791-10S 直流电源、SB118 精密直流电压电流源和 PZ158A 直流数字电压表的开关，预热 15min。

② 把四探针引线的端子分别正确地插入相应的 SB118 精密直流电压电流源的"电流输出"孔和 PZ158A 直流数字电压表的"输入"孔中。注意电流的方向和电位的高低关系。

③ 认真观察薄膜样品，确定具有薄膜的一面。

④ 调整样品台的高低，使样品台表面恰在两个亥姆霍兹线圈的中心，以保证样品处于均匀磁场中。

⑤ 把样品放在样品台上，使具有薄膜的一面向上。拧动四探针架上的螺丝，让四探针的针尖轻轻接触到薄膜的表面，把四探针架固定在样品台上，使四探针的所有针尖与薄膜有良好的接触。

⑥ 使用精密直流电压电流源中的电流源部分，适当选扦"量程选择"的按键并适当调节"电流调节"的"粗调"和"细调"旋钮。

⑦ 在样品上施加一个与磁场平行的恒定电流，并使磁场从零慢慢增大，测量不同磁场下样品的电压值，直到磁电阻不再增加（即达到饱和）为止，再将磁场慢慢降为零，测量不同磁场下对应的电压值。然后让磁场反向，重复以上操作。

注意：保证磁场线圈电流调节的单调性。

⑧ 在样品上施加一个与磁场垂直的恒定电流，重复以上测量。

注意：在选择电流值时，最大的电流值所对应的电压值不能超过 5mV，以免流过薄膜的电流太大导致样品发热，从而影响测量的准确性。

换测量样品时，一定要把恒流源的电流调为零。

五、实验报告要求

① 将测量时所用的亥姆霍兹线圈电流值换算为相应的磁场数值。

② 分别将磁场与电流平行时以及磁场与电流垂直时测得的电压随磁场的变化值输入计算机并整理，根据测出的电压值计算出所测 Ni-Fe 薄膜样品在不同磁场下的电阻，再算出其电阻率。

③ 分别将磁场与电流平行时以及磁场与电流垂直时测得的薄膜电阻随磁场的变化进行整理，计算所测薄膜的正常磁电阻（OMR）和各向异性磁电阻（AMR）。

④ 画出铁磁金属 Ni-Fe 薄膜的正常磁电阻（OMR）和各向异性磁电阻（AMR）随磁场变化的曲线。

⑤ 分析磁电阻随磁场变化的规律，并通过分析给予解释。

⑥ 分析平行磁电阻与垂直磁电阻随磁场变化的特点，理解它们的关系与差别。

⑦ 比较不同基片温度的 Ni-Fe 薄膜的磁电阻（包括 OMR 和 AMR）测量结果，你得到了哪些结论？并加以分析和解释。

⑧ 通过对实验现象和实验结果的分析，你能得到什么结论？

六、思考题

① 什么是磁饱和？什么是磁滞效应？你在实验中是否观察到了磁滞效应。

② 为什么测量薄膜磁性时要强调磁场电流的单调性，更不能在同一点反向测量？

③ 为了获得准确的实验结果，在实验中须注意哪些因素？它们带来的误差是系统误差还是偶然误差？影响程度如何？如何定量估计？如何避免或尽量减小？

附录：线圈磁场强度 *H* 和线圈励磁电流 *I* 的关系（图 22-2）

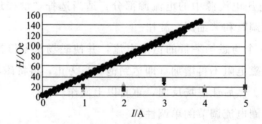

图 22-2 线圈磁场强度 *H* 和线圈励磁电流 *I* 的关系

（Oe 是高斯单位中磁场强度 *H* 的单位，$1A \cdot m^{-1} = 4\pi \times 10^{-3} Oe$）

热膨胀法测定钢的连续冷却转变图（CCT）

一、实验目的

① 了解钢的连续冷却转变图的概念及其应用；

② 了解钢的连续冷却转变图的测定方法，特别是热膨胀法的原理与步骤；

③ 利用热模拟仪观察钢在加热及冷却中的相变并测量临界点；

④ 建立钢的连续冷却转变图（CCT 曲线）。

二、实验原理与方法

钢的连续冷却转变（continuous cooling transformation）曲线图，简称 CCT 曲线，系统地表示冷却速度对钢的相变开始点、相变进行速度和组织的影响情况。钢的一般热处理、形变热处理、热轧以及焊接等生产工艺，均是在连续冷却的状态下发生相变的。因此 CCT 曲线与实际生产条件相当近似，是制定工艺时的有用参考资料。根据连续冷却转变曲线，可以选择最适当的工艺条件，从而得到恰好的组织，达到提高强度和塑性以及防止焊接裂纹产生等目的。连续冷却转变曲线的测定方法有多种，如金相法、膨胀法、磁性法、热分析法、末端淬火法等。简单地说，膨胀法测定 CCT 的依据是钢中各个组织的膨胀性能不同；磁性法的测定原理是钢中奥氏体是顺磁体，铁素体和马氏体等组织是铁磁体，有强磁性；末端淬火法的测定原理是钢中各个组织的硬度有差别。除了最基本的金相法外，其他方法均需要用金相法进行验证。

当材料在加热或冷却过程中发生相变时，若高温组织及其转变产物具有不同的比容和膨胀系数，则由相变引起的体积效应叠加在膨胀曲线上，破坏了膨胀量与温度间的线性关系，从而可以根据热膨胀曲线上所显示的变化点来确定相变温度。这种根据试样长度的变化来研究材料内部组织的变化规律的方法称为热膨胀法（膨胀分析）。长期以来，热膨胀法已成为材料研究中常用的方法之一。通过膨胀曲线分析，可以测定相变温度和相变动力学曲线。

钢中各组织的膨胀系数由大到小的顺序为：奥氏体＞铁素体＞珠光体＞上、下贝氏体＞马氏体；比容的顺序是：马氏体＞铁素体＞珠光体＞奥氏体＞碳化物（但铬和钒的碳化物比容大于奥氏体）。表23-1为钢中各个组织的比容和膨胀系数。从钢的热膨胀特性可知，当碳钢加热或冷却过程中发生一级相变时，钢的体积将发生突变。过冷奥氏体转变为铁素体、珠光体或马氏体时，钢的体积将膨胀；反之，钢的体积将收缩。冷却速度不同，相变温度不同。

表 23-1　钢中各个组织的比容和膨胀系数

组织	碳含量（20℃）/%	比容/(cm³/g)	平均线膨胀系数/(10^{-6}/℃)
奥氏体	0～2	$0.1212+0.0033\times w_C\%$	23.5
马氏体	0～2	$0.1271+0.0025\times w_C\%$	11.5
贝氏体	0～2	$0.1271+0.0015\times w_C\%$	13.46（500℃）
铁素体+渗碳体	0～2	$0.1271+0.0005\times w_C\%$	13.28（500℃）
铁素体	0～0.2	0.1271	14.5
渗碳体	6.7±0.2	0.130±0.001	12.5

热膨胀法测定CCT的具体过程如下：首先把样品加热到奥氏体化温度，保温一定时间后，以一定的冷却速度进行冷却，如图23-1所示。在加热、保温和冷却过程中用膨胀仪测量样品位移量（即膨胀量），绘制冷却时的膨胀量-温度曲线，图23-2所示为部分冷却曲线。发生组织转变时，冷却曲线偏离纯冷线性收缩，曲线出现拐折，拐折的起点和终点所对应的转变温度分别是相变的开始点和结束点。从图23-2曲线可以发现，冷却速度缓慢时，如冷却速度为0.05℃/s、0.1℃/s的曲线，相转变以铁素体和贝氏体为主；冷却速度增加到0.5℃/s时，相转变以贝氏体为主；当冷却速度达到100℃/s时，只发生马氏体相变。为了验证相转变产物，还要进行金相组织分析和硬度测试。

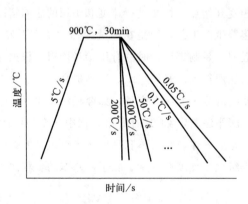

图 23-1　过冷奥氏体连续冷却转变的方案设计

将各个冷却速度下的开始温度、结束温度和相转变量等数据综合绘在"温度-时间"坐标中，即得到钢的连续冷却曲线，即CCT曲线（如图23-3）。

考虑到过冷奥氏体分解后存在不同含量的残余奥氏体，必要时还要用磁性法测量室温组织中的残余奥氏体含量。

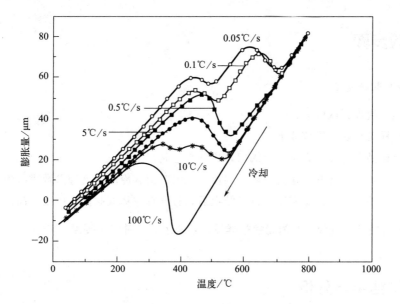

图 23-2　SA508Cr.3 钢冷却时的膨胀曲线

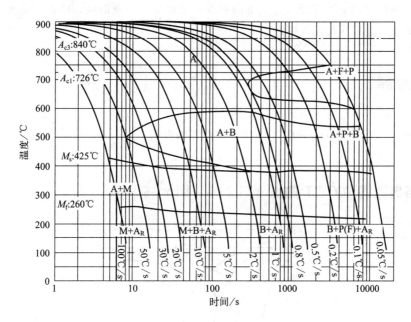

图 23-3　SA508Cr.3 钢的 CCT 曲线

三、实验设备与材料

① DIL 805 淬火相变膨胀仪，镶嵌机，磨抛机，金相显微镜，显微硬度计；

② 20♯钢、SA508Gr.3 钢。

四、实验步骤

（1）膨胀曲线测试

① 将热电偶焊到试样上；

② 将试样装至膨胀仪仪器上；

③ 关闭样品室，关闭真空释放阀门，启动真空阀；

④ 按试验要求选择升温速度、最高温度、保温时间、冷却速度等参数进行编程；

⑤ 按下开始按钮，开始实验；试验结束后，打开真空释放阀门，取出样品。

（2）把样品进行镶嵌，制备成金相样品，观察组织，并测试硬度

五、实验结果与分析

根据实验曲线确定不同冷却速度下的相变开始温度、结束温度，绘在"温度-时间"坐标中，得到钢的连续冷却曲线图。

六、思考题

试分析碳元素含量对碳钢 CCT 图中曲线位置的影响。

附录：各典型钢种 CCT 曲线（图 23-4、图 23-5）

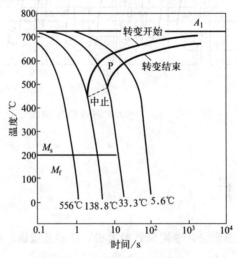

图 23-4 共析钢 CCT 曲线

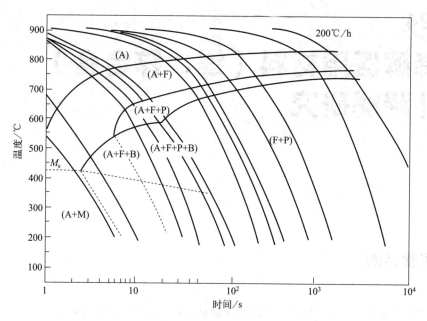

图 23-5　亚共析钢（含碳 0.19%）CCT 曲线
A—奥氏体；F—铁素体；P—珠光体；B—贝氏体；M—马氏体

可降解医用材料（镁、锌合金）体外降解研究

一、实验目的

① 了解金属腐蚀降解的机理及可降解生物材料对材料腐蚀性能的要求；

② 了解镁合金和锌合金腐蚀性能的差异；

③ 掌握评价生物材料体外降解速率的方法；

④ 掌握腐蚀形貌的表征方法及结果分析。

二、实验原理与方法

生物医用材料是指可用于人工器官、外科修复、理疗康复、诊断和治疗疾患，并对人体组织无不良影响的材料。目前用于临床的生物医用材料主要包括：金属材料、有机材料、无机材料和复合材料等。金属材料优异的力学性能是其他材料不能替代的。

生物医用金属材料分为可降解医用金属材料和不可降解医用金属材料。可降解医用金属材料，结束服役后即可被人体吸收，无需"二次手术"，减轻了患者的病痛，同时节省了一次手术的人力、物力，近年来受到人们广泛关注。目前对于可降解金属材料的研究主要集中于镁合金、铁合金和锌合金。镁合金降解速率过快，铁合金降解速率过慢，锌合金具有更适合的降解速率，但研究表明锌合金及其降解产物生物相容性较差。

对于可降解医用金属材料的研究正在如火如荼地进行中。其中，金属材料的腐蚀性能以及腐蚀产物的生物相容性，是决定其能否用于医疗的重要因素。

基于此，我们设计本实验，研究镁合金和锌合金在模拟体液环境中的体外降解行为。

（一）金属材料降解机理

可降解金属材料在溶液中的降解机理本质是电化学腐蚀反应的进行。对于标准电极电位 $E_{SHE} < 0$ 的材料，在电解质溶液中发生如图 24-1 所示的原电池反应。

其中，阳极发生金属的氧化反应，失去电子，金属发生溶解；阴极得到阳极反应转移来的电子，发生还原反应。根据金属材料电化学性质的不同，可发生析氢反应或吸氧反应。

阳极：$M \longrightarrow M^{n+} + ne^-$

阴极：$\dfrac{n}{4}O_2 + \dfrac{n}{2}H_2O + ne^- \longrightarrow nOH^-$（吸氧腐蚀）

$$nH^+ + ne^- \longrightarrow \dfrac{n}{2}H_2 \uparrow$$（析氢腐蚀）

根据合金成分及微结构的不同，金属材料的腐蚀降解模式分为均匀腐蚀和局部腐蚀（如图 24-2 所示）。对于均匀腐蚀，阴极与阳极动态转换面积相等。而局部腐蚀阳极面积远小于阴极面积，会发生图 24-2（b）所示的点蚀现象。对于医用可降解金属器械，严重的局部腐蚀会导致器械因结构和力学强度的过早破坏而失效，同时服役寿命也无法预测，因此，均匀腐蚀是医用可降解金属材料需要的腐蚀模式。

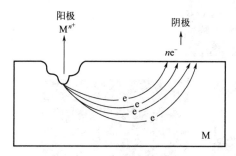

图 24-1　金属的电化学腐蚀反应示意

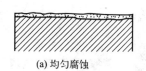 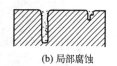

(a) 均匀腐蚀　　　　　　　(b) 局部腐蚀

图 24-2　金属材料的腐蚀降解模式示意

（二）可降解医用金属材料体外降解腐蚀实验

可降解医用金属材料体外腐蚀研究，通常是在 Hank's、SBF（simulated body fluid）、细胞培养液等模拟体液中进行。这里我们使用 Hank's 溶液。通过检测金属浸泡后的溶液 pH 值、金属样品腐蚀前后重量变化以及动态测量金属腐蚀过程中的析氢量，来分析金属材料的降解过程。通过分析腐蚀产物的组成及形貌，可得到腐蚀方式和腐蚀反应机理等。

1. 测量溶液 pH 值

使用 pH 计来测量溶液 pH 值，pH 计如图 24-3 所示。本实验使用 METTLER TOLEDO 的 Five Easy Plus 型 pH 计。实验中，可选择任意一款 pH 计进行测量。

pH 计是利用原电池的工作原理，依据能斯特定律，原电池的两个电极间的电动势，既与电极的自身属性有关，还与溶液里的氢离子浓度有关。原电池的电动势和氢离子浓度之间存在对应关系，氢离子浓度的负对数即为 pH 值。因此，可通过检测两电极之间的电动势来测量溶液的 pH 值。

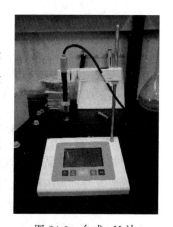

图 24-3　台式 pH 计

2. 析氢实验

通过实时收集并测量金属腐蚀过程中析出的氢气，可以直观地体现金属腐蚀速率的差异。析氢实验装置如图 24-4 所示。为了模拟人体内环境，析氢实验需要在 37℃恒温水浴中进行。

需要使用的设备及材料包括：水浴锅、微型台式真空泵、酸式滴定管、250mL 烧杯、玻璃漏斗、保鲜膜、回形针、橡皮筋、滴定管架。

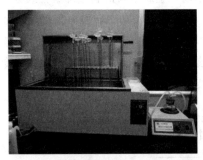

(a) 析氢实验平台

(b) 微型台式真空泵

(c) 玻璃漏斗和烧杯

(d) 析氢实验

图 24-4 析氢实验装置

3. 失重实验

当析氢实验结束后，取出腐蚀后的样品，洗去表面腐蚀产物，用分析天平称重，得到样品在腐蚀过程中的质量变化。通过损失的质量，计算得到样品的腐蚀速率。失重法腐蚀速率计算公式如下。

$$CR = (KW)/(ATD)$$

式中，CR 为腐蚀速率，mm/y；K 为常数，取 8.76×10^{7}；W 为样品损失的质量，g；A 为样品的表面积，cm^2；T 为浸泡时间，h；D 为样品密度，g/cm^3。

4. SEM 及 EDS 分析

用铬酸洗去样品表面的腐蚀产物，得到样品基底。用扫描电镜分析洗去腐蚀产物的样品及未洗去腐蚀产物的样品，通过样品表面形貌，判断样品腐蚀模式。若样品表面腐蚀均匀，即为均匀腐蚀；若样品表面腐蚀不均匀，有较多点蚀坑，则可以认为样品为局部腐蚀。用 EDS 分析样品表面腐蚀产物成分，结合前面提到的金属腐蚀机理，分析样品腐蚀机理。

三、实验设备与材料

① 析氢装置、pH 计、天平、烧杯等；
② 扫描电镜；
③ 镁合金和锌合金棒材。

四、实验步骤

（一）样品制备

① 将镁合金和锌合金棒材分别用线切割机器切成直径 14mm、厚度 3mm 的小圆片，依次用煤油和酒精洗去表面的油污。

② 将小圆片用依次用 320♯、1200♯ 和 3000♯ 砂纸打磨正反面及侧面，注意每道次打磨后立即将小圆片放入纯酒精中，防止氧化。

③ 将打磨后的小圆片放在酒精中超声波清洗 5min，取出用吹风机吹干，然后称重。

（二）模拟体液（Hank's 溶液）的配制

① 将约 1800mL 超纯水倒入干净的烧杯中。

② 按照表 24-1 的成分和含量依次称取药品，倒入烧杯中并充分搅拌溶解。

③ 将上述溶液转移到容量瓶中，然后定容至 2000mL。检测确认溶液 pH 值应在 7.4 左右（7.4±0.1）。

表 24-1　Hank's 溶液的化学成分与含量

化学成分	含量/(g/L)	化学成分	含量/(g/L)
NaCl	8.0	$MgSO_4 \cdot 7H_2O$	0.06
KCl	0.4	KH_2PO_4	0.06
$CaCl_2$	0.14	$Na_2HPO_4 \cdot 12H_2O$	0.06
$NaHCO_3$	0.35	Glucose（葡萄糖）	1.0
$MgCl_2 \cdot 6H_2O$	0.1		

（三）体外浸泡测试

① 根据 ASTM-G31-72（2004）《金属的实验室浸泡腐蚀试验标准规程》，取溶液体积与样品表面积之比为 60mL∶1cm²，每个实验组 4 个平行样。

② 将样品放入烧杯中，倒入溶液，用倒扣的漏斗和精密滴定管收集氢气，实验装置示

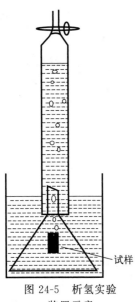
图 24-5　析氢实验
装置示意

意如图 24-5。

③ 整个装置置于 37℃ 水浴锅中，每 48h 更换一次新溶液（防止溶液变质）；每次在更换新溶液前检测并记录原来浸泡液的 pH 值。

④ 每 48h 记录一次氢气析出量（读取滴定管中的液面变化数值）。

⑤ 浸泡 7 天后，取出样品，超纯水充分冲洗后用吹风机冷风温和吹干。

⑥ 从每个实验组中取 3 个浸泡后的样品，用沸腾的铬酸水溶液（200g CrO₃/1L H₂O）浸泡 5min，然后依次用大量超纯水和酒精充分清洗，最后用吹风机温和吹干，样品进行称重。

⑦ 对每个实验组中未用铬酸清洗的样品进行喷金导电预处理，使用 SEM 观察并记录腐蚀形貌，使用 EDS 检测确定腐蚀产物的化学组成。

⑧ 每个实验组取 1~2 个用铬酸清洗后的样品，进行喷金导电预处理，使用 SEM 观察并记录去除腐蚀产物后样品的腐蚀形貌。

五、实验结果与分析

（1）腐蚀速率的分析计算与讨论

① 根据失重法，分别计算出镁合金和锌合金样品的腐蚀降解速率；

② 根据析氢法，绘制析氢量随浸泡时间变化的曲线；

③ 根据测得的浸泡溶液 pH 值绘制 pH 值随浸泡时间变化的曲线。

（2）腐蚀形貌与腐蚀产物分析

分别给出镁合金和锌合金样品的腐蚀降解产物组成及各自的腐蚀形貌。

（3）腐蚀行为分析与讨论

结合上述结果分别对镁合金和锌合金的腐蚀行为进行具体分析和比较。比较两种合金的实验结果，写出镁合金和锌合金电化学腐蚀电极反应方程式及腐蚀总反应方程式，对腐蚀降解可能发生的过程、机理进行解释。

六、注意事项

① 配制 Hank's 溶液时，严格按照表 24-1 的顺序添加试剂，每加一种试剂后用玻璃棒搅拌至该试剂完全溶解，防止沉淀。

② 浸泡过程中，为防止水浴锅里的水蒸干应及时加水；浸泡时烧杯表面要盖保鲜膜密封，保护溶液体积大致不变。

③ 去除腐蚀产物时，要在通风橱中进行，穿实验服、戴橡胶手套，同时注意防止铬酸溶液溅到皮肤和衣服上。

荧光纳米微球在生物检测上的应用研究

一、实验目的

① 掌握多功能酶标仪的原理和使用；

② 掌握荧光纳米微球与生物分子偶联的原理和生物检测应用。

二、实验原理与方法

包覆有半导体量子点的荧光纳米微聚合物微球具有吸收光谱很宽，发射光谱在很宽波长范围内可调，光谱狭窄对称，量子效率高，耐光漂白等独特的光学性能，且易与生物分子偶联，因此可作为荧光基体或者荧光探针应用于生物检测。

夹心免疫检测肿瘤标志物的原理为：将包被抗体固定在固相载体表面，从而在其表面进行夹心免疫反应形成三明治结构，同时在检测抗体一端连有量子点荧光微球，此时量子点荧光微球的含量与捕获的抗原含量成正相关性。通过检测微球的荧光强度对待测物进行定性或定量分析。

多功能酶标仪原理：多功能酶标仪 Synergy H1 将滤光片系统和光栅系统整合为一体，可用于顶部和底部荧光强度检测、紫外-可见吸收光检测和高性能的化学发光检测。滤光片检测线路是一个完全独立的检测模块，拥有自己的光源和滤光片色镜光路系统（如图 25-1，其中 M 指单色器系统，F 指滤光片系统）。其中荧光检测使用高能氙闪灯作为激发光源，功率较高。

本实验主要内容：

① 荧光纳米微球与链霉亲和素（SA）偶联，并与生物素化的甲胎蛋白（AFP）检测抗体（Biotin-Detection Ab）结合形成复合物；

② 基于荧光纳米微球的夹心免疫反应；

③ 利用多功能酶标仪进行检测。

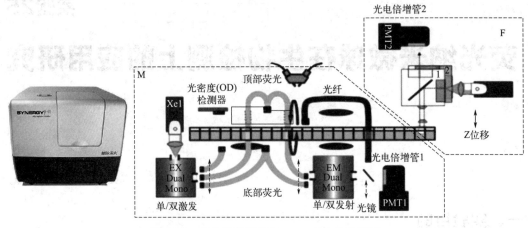

图 25-1 多功能酶标仪 Synergy H1 及其光路

三、实验设备与材料

① 多功能酶标仪；

② 300nm 荧光微球、离心管、微孔板等；

③ 配对的 AFP 抗原/抗体对、磷酸盐（PBS）缓冲液等。

四、实验步骤

（1）将荧光纳米微球与 SA 偶联

吸取一定量荧光纳米微球的去离子水悬浮液至 1.5mL 离心管中，用微球洗涤缓冲液（washing buffer）洗涤 3 次后，加入 $300\mu L$ 2-（N-吗啉）乙磺酸缓冲液（MES buffer）进行超声和振荡使微球充分分散。然后，分别快速加入 $50\mu L$ 新鲜配制的 50mg/mL 的 1-乙基-3-（3-二甲基氨基丙基）碳化二亚胺盐酸盐（EDC）和 50mg/mL 的 N-羟基硫代琥珀酰亚胺（S-NHS）溶液，在振荡器上以 1400r/min 振荡条件于室温环境中避光孵育 20min 以活化微球表面的羧基，使其形成 N-羟基琥珀酰亚胺酯。孵育后，用 MES buffer 洗涤样品以除去未反应的 EDC 和 S-NHS，然后将活化后的微球经超声和振荡充分分散悬浮于 $500\mu L$ MES buffer 中。随后，加入 $50\mu g$ SA，于室温环境中在振荡器上以 1400r/min 振荡避光孵育 30min，之后放于 10℃摇床中振荡孵育 12h，从而使 SA 与微球相连。孵育后，用 washing buffer 洗涤以除去未偶联的 SA，收集荧光纳米微球-SA 并分散悬浮于储存缓冲液（storage buffer）中，置于 4℃冰箱内避光保存待用。

（2）荧光纳米微球-SA 与生物素化的 AFP 检测抗体结合

将荧光纳米微球-SA 与生物素化的 AFP 检测抗体（AFP Biotin-Detection Ab）相结合，

形成复合物（见图 25-2）。吸取一定量的荧光纳米微球-SA 悬浮液至 1.5mL 离心管中，用 washing buffer 洗涤 3 次后，加入 500μL 分析缓冲液（assay buffer）避光反应 30min 以封闭微球表面的活性酯基；离心后再加入 500μL assay buffer 振荡分散均匀，同时加入一定量的 AFP Biotin-Detection Ab，于室温环境中在振荡器上以 1400r/min 振荡避光孵育 2h；之后用 washing buffer 洗涤 3 次，重悬于 assay buffer 中并确定浓度。

图 25-2　荧光纳米微球-链霉亲和素-生物素化的检测抗体复合物的制备示意

（3）基于荧光纳米微球的夹心免疫反应（图 25-3）

首先，配置不同浓度的 AFP 抗原 assay buffer 样品；然后，在黑色 96 孔板中加入 100μL 浓度为 5μg/mL 的 AFP 包被抗体（coating Ab）溶液，放在 4℃冰箱中孵育 15h，用 washing buffer 洗板三次；接着往每个孔中分别加入 200μL 质量分数为 3% 的牛血清白蛋白（BSA）溶液进行封闭，于 37℃环境下孵育 2h；洗板后再往每个孔中分别加入 100μL 不同浓度的 AFP 抗原溶液，于 37℃环境下孵育 1h；洗板后再向每个孔加入 100μL 荧光纳米微球-SA-AFP Biotin-Detection Ab 复合物悬浮液，于 37℃环境下孵育 45min；最后，用 washing buffer 洗涤三次以除去未反应的荧光纳米微球-SA-AFP Biotin-Detection Ab 复合物。

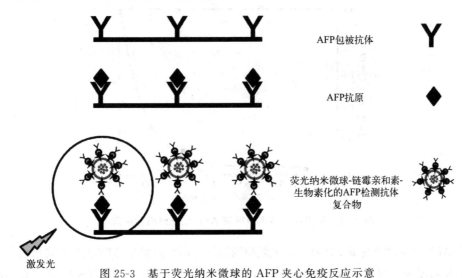

图 25-3　基于荧光纳米微球的 AFP 夹心免疫反应示意

（4）用微孔板检测仪检测其在相应激发波长下的荧光值

向每个孔加入 100μL PBS 溶液，将黑色 96 孔板送至多功能酶标仪内进行检测。

多功能酶标仪使用方法：①建立方案（Protocol），设置检测参数。打开 Gen 5 软件-新建 Protocol -荧光检测模式-选择程序-设置激发波长 400nm，发射波长 618nm-选择合适液面高度 6mm-确定；②设置孔板布局。选择检测孔的类型 Standard，设置孔的浓度梯度，然后在下方空白的模式 96 孔板中进行点击排布，确定；③检测。将 96 孔板放入酶标仪，点击检测新板按钮，检测后记录数据并分析。

五、实验结果与分析

① 酶标仪检测基于荧光纳米微球的 AFP 抗原-抗体免疫反应结果，如表 25-1。

表 25-1 不同浓度 AFP 抗原对应检测孔的荧光强度值

AFP 抗原浓度/(ng/mL)	荧光强度值/A. U.	归一化的荧光强度值
0	75	0.0425
0.001	59	0.0335
0.01	81	0.0459
0.1	101	0.0573
1	100	0.0564
10	261	0.148
100	501	0.284
1000	1764	1

② 基于荧光纳米微球的 AFP 免疫检测标准曲线，如图 25-4。

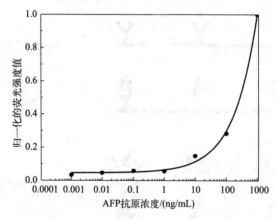

图 25-4 基于荧光纳米微球的 AFP 免疫检测标准曲线

③ AFP 免疫检测灵敏度计算。用最低检测限（LOD）来描述 AFP 的检测灵敏度。假设 AFP 抗原浓度为 0 时对应的 MFI 值的平均值为 x，标准差为 s，则以 $x+3s$ 代入标准曲线方程获得该检测系统中该标志物的最低检测限。

通过多次实验测得 AFP 抗原浓度为 0 时对应的 MFI 值的平均值为 79.33，标准差为 4.04，计算得 LOD= 0.0107ng/mL。

④ 分析与讨论。结合上述结果分析可知，将荧光纳米微球与生物分子偶联并将其用于 AFP 抗原检测，通过检测纳米微球的荧光强度能够对 AFP 抗原进行定量分析，且检测限为 0.0107ng/mL，远低于临床检测限 7ng/mL，说明这种方法也具有良好的灵敏度。

六、注意事项

① 抗原、抗体等生物材料对温度要求较高，为保持其生物活性应冷冻保存，同时避免反复冻融。

② 生物实验尽可能在超净台操作。

③ 移液枪头、缓冲液等用前需先灭菌，使用高压锅时要注意压强和温度设置，开、关阀门时注意不要烫伤。

实验26

高性能铝基复合材料评价实验

一、实验目的

① 了解以纳米级铝基复合材料（陶瓷铝合金，下同）为代表的先进结构材料的低密度、高模量、高强度、高硬度、高抗疲劳等优异性能；

② 设计并进行评价陶铝材料优异性能的实验。

二、实验原理与方法

铝基复合材料密度低、比强度高，有良好的尺寸稳定性，在航空航天、汽车等领域有着广泛的应用。本实验拟以 CA 2024 陶瓷铝合金材料为研究对象，其设计成分如表 26-1 所示。母料将通过含有 Ti 和 B 的混合盐在金属 Al 熔体内发生放热反应制备得到，母料重熔时加入其他合金元素进行合金化，并通过半连续铸造系统浇筑成大尺寸铸锭（$\phi460mm \times 1000mm$）。依据 ASTM B895-12 及 BS EN14242 的要求，通过电感耦合等离子体发光光谱仪（ICP-OES）进行铸锭实际化学成分分析，以检测铸锭是否满足设计要求，设计成分如表 26-1 所示，实测成分与设计成分高度吻合，材料铸锭制备满足要求。检测合格的铸锭经过去皮、均匀化处理，热挤压制备成 86mm×66mm 的方形长棒（挤压比 29：1）。挤压棒材在使用前经过了 T4 态热处理（固溶＋水淬＋自然时效）。

表 26-1　CA 2024 陶瓷铝合金设计化学成分表　　单位：%（质量分数）

化学元素	Cu	Mg	Mn	Fe	Si	Ti	B	Al
设计含量	4.4	1.7	0.7	<0.07	<0.15	4.14	1.86	其余

针对 TiB_2/2024 纳米陶瓷铝合金，主要开展的实验包括：微观组织形貌观察；密度测试；单轴拉伸测试；硬度测试；疲劳测试，并与传统的 2024 铝合金进行比较。

三、实验设备与材料

① 金相制样设备、显微镜、SEM、硬度计、万能材料试验机、疲劳试验机、天平；

② $TiB_2/2024$ 纳米陶瓷铝合金（TiB_2 可扩展至其他铝合金，如 7075 等）。

四、实验内容

（1）微观组织形貌观察

微观组织形貌观察试件经过机械锯切割为小块，并进行热镶嵌，之后在自动抛光机上经过多道工序的自动抛光制得。抛光好的试件放入装有无水乙醇的烧杯中，于超声清洗设备中清洗 3min 后，用压缩空气吹干。再在 Keller 试剂中腐蚀 15s，然后用无水乙醇冲洗干净，并用压缩空气或电吹风吹干。

（2）密度测试

密度测试试件由车削制备得到，通过在有机溶剂中进行 3min 超声振动清洗来去除机加工过程中带来的油污和表面杂质，之后在天平上进行称量，得到密度。

（3）单轴拉伸测试

单轴拉伸测试试件由数控车床车削制备得到，标距段表面经过精车处理，以达到测试对表面粗糙度的要求。

测试在万能材料试验机上进行，采用应变控制模式，应变速率为 $0.0067s^{-1}$，得到的样品的拉伸弹性模量、屈服强度、抗拉强度、断后延伸率和断面收缩率等力学性能数据。

（4）硬度测试

硬度测试试件经过机械锯切割为小块，并进行热镶嵌，之后在自动抛光机上经过多道工序的自动抛光制得。制备好的试件在全自动显微维氏硬度计上进行测试，采用 9 点阵列，载荷为 10kg，保荷时间为 10s。

（5）疲劳测试

疲劳测试试件由数控车床车削制备得到，标距段表面经过精车处理和纵向抛光处理，以达到疲劳测试对表面粗糙度的较高要求。

五、实验报告要求

① 对比 $TiB_2/2024$ 纳米陶瓷铝合金与传统 2024 铝合金的显微组织；

② 对比 TiB_2/2024 纳米陶瓷铝合金与传统 2024 铝合金的密度；

③ 对比 TiB_2/2024 纳米陶瓷铝合金与传统 2024 铝合金的拉伸性能和断裂方式；

④ 对比 TiB_2/2024 纳米陶瓷铝合金与传统 2024 铝合金的硬度；

⑤ 对比 TiB_2/2024 纳米陶瓷铝合金与传统 2024 铝合金的疲劳性能：$S\text{-}N$ 曲线，疲劳断裂行为和疲劳断口。

六、思考题

① 一般铝合金都可以做铝基复合材料吗？

② 陶铝材料的缺点有哪些？

③ 陶铝材料的性能是否达到极致？有改进的方法吗？

高分子聚合物的性能测试

一、实验目的

① 了解常用高分子材料的特性；
② 熟练运用相关力学和热物性仪器对材料性能进行评价。

二、实验原理与方法

（一）聚合物的力学性能

拉伸性能是聚合物力学性能中最重要、最基本的性能之一。从应力-应变曲线上可得到材料的不同拉伸性能指标值，例如：拉伸强度、断裂伸长率、断裂应力、拉伸弹性模量、拉伸屈服应力等。不同的聚合物材料、不同的测试条件，分别呈现不同的应力-应变行为。根据应力-应变曲线的形状，可将其大致归纳成5种类型，如图27-1所示。

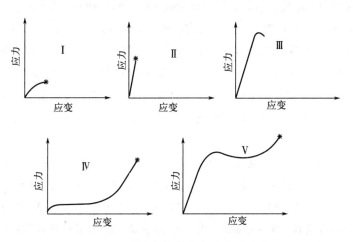

图 27-1　聚合物的拉伸应力-应变曲线类型

（Ⅰ）软而弱　拉伸强度低，弹性模量小，并且断裂伸长率也不大，例如硅橡胶等；

（Ⅱ）硬而脆　拉伸强度和弹性模量较大，断裂伸长率小，例如有机玻璃、聚苯乙烯等；

（Ⅲ）硬而强　拉伸强度和弹性模量较大，且有适当的断裂伸长率，如硬聚氯乙烯、聚苯硫醚等；

（Ⅳ）软而韧　断裂伸长率大，拉伸强度较高，但弹性模量低，例如天然橡胶、顺丁橡胶等；

（Ⅴ）硬而韧　弹性模量、拉伸强度和断裂伸长率都很大，例如尼龙、氢化丁腈橡胶等。

（二）聚合物的热性能

当高分子材料样品吸收能量时，焓变为吸热；当样品释放能量时，焓变为放热。在 DSC 曲线中，对于熔融、结晶、固-固相转变或化学反应等的热效应呈峰形，而玻璃化转变过程所对应的比热容变化呈现台阶形。大量实践证明，差示扫描量热分析技术对于研究热固性高分子材料的固化过程、固化行为，确定最佳固化条件是非常有效的。例如玻纤增强环氧树脂、热固性粉末涂料之类的高分子材料在熔融流平、交联固化成膜过程中，体系发生物理化学变化，并伴随着相应热效应，测出固化过程中的热效应就可以了解固化过程。

热重分析能提供下列结果：易挥发性成分（水分、溶剂）、聚合物、炭黑或碳纤维、灰分或填充物的组分分析；聚合物样品的高温分解机理、过程和动力学。

聚合物的耐热性能，通常是指它在温度升高时保持其物理机械性质的能力。聚合物材料的耐热温度是指在一定负荷下，其到达某一规定形变值时的温度。发生形变时的温度通常称为软化点 T_s。因为不同测试方法各有其规定选择的参数，所以软化点的物理意义不像玻璃化转变温度那样明确。常用维卡软化点温度和热变形温度来表示塑料的耐热性能。不同方法的测试结果相互之间无定量关系，它们可用来对不同塑料作相对比较。

根据 GB/T 1633—2000 规定，维卡软化温度（Vicat softening temperature，VST）是测定热塑性塑料于特定液体传热介质中，在一定的负荷、一定的等速升温条件下，试样被 $1mm^2$ 针头压入 1mm 时的温度。该标准规定了四种测定热塑性塑料维卡软化温度（VST）的试验方法。A_{50} 法：使用 10N 的力，加热速率为 50℃/h；B_{50} 法：使用 50N 的力，加热速率为 50℃/h；A_{120} 法：10N 的力，加热速率为 120℃/h；B_{120} 法：50N 的力，加热速率为 120℃/h。

维卡软化温度测试装置原理如图 27-2 所示。负载杆压针头长 3～5mm，横截面积为 $(1.000\pm0.015)mm^2$，压针头平端与负载杆成直角。加热浴选择对试样无影响的传热介质，如硅油、变压器油、液体石蜡、乙二醇等，室温时黏度较低。本实验选用甲基硅油为传热介质。试样承受的静负载 $G=W+R+T$，W 为砝码质量；R 为压针及负载杆的质量；T 为变形测量装置附加力。本实验中 $R+T=79g$，负载有两种选择：$G_A=1kg$；$G_B=5kg$。装置测量形变的精度为 0.01mm。

维卡试验机亦可测定热塑性塑料试样在等速升温和呈简支梁式的静弯曲负载作用下，试样弯曲达到规定值时的温度［简称热变形温度（HDT）］。

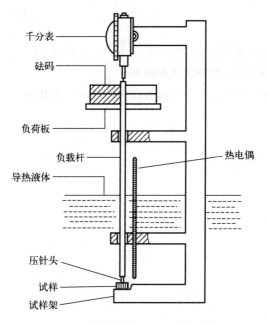

图 27-2　维卡软化温度测试装置原理

三、实验设备与材料

① 电子式万能材料试验机；

② 差示扫描量热计；

③ 热重仪；

④ 维卡软化温度测定仪；

⑤ 材料：ABS，PMMA，POM 等。

四、实验内容

开始实验前，学生必须阅读相关资料，然后以小组为单位，讨论实验参数的设定并进行分工。利用万能材料试验机测量不同材料拉伸时的应力-应变曲线，利用 DSC、TG 测量各材料的特征温度，利用维卡软化温度测定仪测量维卡软化温度或热变形温度。

五、思考题

① 能否检测高分子合成材料中添加剂的大小、形状和成分？

② 拉伸速率对高分子拉伸性能有无影响？

③ 实验中测得材料的维卡软化温度可否代表材料的使用温度？

材料制备与成型综合实验

浇注和凝固条件对铸锭组织的影响

一、实验目的

① 研究金属铸锭的正常组织；

② 讨论浇注和凝固条件对铸锭组织的影响；

③ 初步掌握宏观分析方法。

二、实验原理

金属铸锭的组织一般分三个区域，最外层的细等轴晶区、中间的柱状晶区和心部的粗等轴晶区。最外层的细等轴晶区由于厚度太薄，对铸锭（件）的性能影响不大；中间的柱状晶区和心部的粗等轴晶区在生产上有较重要的意义。因此对金属的凝固成形过程进行控制是获得高性能优质铸件的关键，凝固过程直接决定材料的组织特征、成分分布以及相关的物理、化学、力学性能。

研究表明，铸锭的组织（晶区的数目、相对厚度、晶粒形状和大小）除与金属材料的性质有关外，还受浇注和凝固条件的影响。因此当给定某种金属材料时，可借变更铸锭（件）的浇注和凝固条件来改变三晶区的大小和晶粒的粗细，从而获得不同的性能。

本实验是通过对不同的锭模材料、模壁厚度、模壁温度、浇铸温度及用变质处理和振动等方法浇注成的铝锭的宏观组织的观察，对铸锭（件）的组织形成和影响因素进行探讨。

本实验用以观察的铸锭样品的浇注和凝固条件见表 28-1。

表 28-1 纯铝的浇注和凝固条件

序号	模壁材料	模壁厚度/mm	模壁温度/℃	冷却方法	浇注温度/℃
1	低碳钢	5	室温	随模冷却	700
2	低碳钢	15	室温	随模冷却	700
3	低碳钢	15	室温	随模冷却	900
4	低碳钢	15	室温	模底水冷	700
5	低碳钢	15	室温	随模冷却	700，添加人工核心 Al_2O_3 颗粒

序号	模壁材料	模壁厚度/mm	模壁温度/℃	冷却方法	浇注温度/℃
6	低碳钢	15	500	随模冷却	700
7	低碳钢	15	室温	随模冷却	700，搅拌后浇注
8	型砂	15	室温	随模冷却	700

三、实验设备与材料

① 熔炼炉、浇注模具（钢模和砂模）、切割机、宏观显微镜；

② 工业纯铝块，Al_2O_3 颗粒，Keller 试剂，金相砂纸。

四、实验步骤

① 将纯铝块放入熔炉中，加热到指定温度，按照表 28-1 进行浇注。

② 铸锭冷却后，用切割机沿横截面和纵截面切开，用金相砂纸打磨，抛光，用 Keller 试剂腐蚀样品。

③ 观察各样品的宏观组织。

五、实验报告要求

① 逐一描绘各试样的宏观组织图，结合已知的浇注和凝固条件分析各样品宏观组织的形成过程，分析浇注和凝固条件对铸锭（件）组织的影响；

② 简述宏观分析方法。

附录：不同浇注和凝固条件下铝锭纵截面的宏观组织（图 28-1）

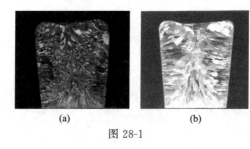

    (a)   (b)

图 28-1

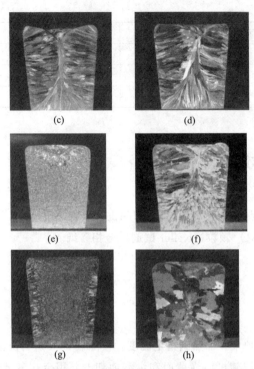

图 28-1　不同浇注和凝固条件下铝锭纵截面的宏观组织

（a）5mm 金属模（室温）700℃浇注，随模冷却；（b）15mm 金属模（室温）700℃浇注，随模冷却；（c）15mm 金属模（室温）900℃浇注，随模冷却；（d）15mm 金属模（室温）700℃浇注，模底水冷；（e）15mm 金属模（室温）加 Al_2O_3，700℃浇注，随模冷却；（f）15mm 金属模（500℃模子预热）700℃浇注，随模冷却；（g）15mm 金属模（室温）700℃浇注，搅拌后浇注；（h）15mm 砂模（室温）700℃浇注，随模冷却

二元铝硅合金铸造实验

一、实验目的

① 掌握铝硅合金的熔炼工艺过程和工艺要点，了解熔炼工艺参数对铝硅合金质量的影响。

② 学会应用二元相图分析各种二元合金平衡或非平衡组织的形成过程。

③ 熟悉典型 Al-Si 合金的二元相图，了解含硅量及凝固速度的变化对合金组织和性能影响。

④ 学会通过金相分析、硬度分析对材料性能进行解释，理解材料性能的微观决定因素。

二、实验原理与方法

（一）铝硅合金的性能

铝硅合金又称为硅铝明，二元铝硅合金一般含 $4\%\sim14\%$ 的硅。随着含硅量的增加，合金的结晶温度范围逐渐缩小，从而使组织中共晶体的数量逐渐增加，合金流动性能显著提高。与此同时，由于铝的线收缩率较大，而硅几乎不收缩，因此随着硅含量的增加，合金的线收缩率随之下降，热裂倾向也相应变小。此外，经过精炼变质处理之后，合金致密性好、热裂倾向小、力学性能及切削加工性能都有所提高。

在铸态时，随着含硅量的增加，组织中的硅相组织不断增加，合金的抗拉强度显著提高。但未经变质处理的硅相一般都呈片状分布，割裂基体现象较严重，从而导致伸长率显著下降。因此，需对合金进行精炼变质处理，处理后抗拉强度可提高到 $190\sim250\text{MPa}$，甚至 300MPa 以上，伸长率可达 $2.5\%\sim4.0\%$，有效解决了铝硅合金优良的铸造性能同低劣的力学性能之间的矛盾。

Al-7Si 合金中，低冷却速度下初生 α-Al 呈树枝状，共晶 α 相 Al 和共晶 Si 呈分支生长。随着冷速的提高，合金组织变细，高冷速下形成过饱和固溶体，成分偏析减轻。扩散退火处理后，Si 向颗粒状转变，高冷速下凝固的合金在较低能耗完成较好的粒状化转变。随着冷速提高，拉伸性能提高，冷速为 1700K/s 的 Al-7Si 合金抗拉强度和延伸率为 248MPa 和 4.90%。不同冷速的合金粒状化处理后延伸率大幅提高，强度略有下降。

（二）铝硅合金的组织

1. 铝硅二元相图

图 29-1 为 Al-Si 二元相图，Al-Si 二元共晶组织含 Si 11.6%。通常将含 Si 10%～13% 的合金视为共晶合金，含 Si 4%～10% 的合金视为亚共晶合金，含 Si 14% 以上的合金视为过共晶合金。共晶反应温度为 577℃，此温度时 Si 在 Al 中的溶解度为 1.65%（质量分数），而室温下溶解度仅为 0.05%（质量分数），此成分下的组织称为 α 相或 α(Al) 相。α 相是 Si 溶于 Al 中的固溶体，溶解度随温度降低而减小，室温时只形成 α 相和 β 相。β 相是 Al 溶于 Si 的固溶体，其溶解度很小，故 β 相也称纯 Si。对于亚共晶成分，在平衡凝固状态下，当温度低于液相线时，固液界面先析出 α 相；温度降到 577℃ 时，开始析出珊瑚状的 (α+β) 共晶体；通常把共晶体中的相称为共晶硅，若不经变质处理，其形貌为长条的片状。对于过共晶成分，当温度低于液相线时，固液界面先析出 β 相；通常把过共晶成分组织中的 β 相定义为初生硅，也称初晶硅；未经变质处理的初晶硅呈粗大的五角星形、多角形块状或板状。

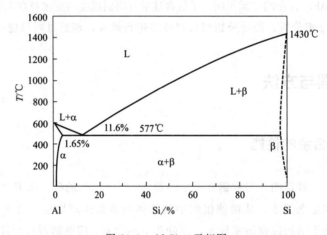

图 29-1   Al-Si 二元相图

2. 铝硅合金非平衡凝固机理

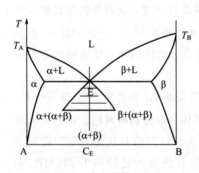

图 29-2   合金的共晶生长区

一般情况下，合金的共晶生长发生在一个固定的成分点（共晶点）。在平衡凝固条件下，任何偏离这一成分的合金凝固后都不能得到 100% 的共晶组织，如图 29-2 所示。但在非平衡凝固条件下，共晶成分的合金并不能得到 100% 的共晶组织，某些非共晶成分的合金却可以得到 100% 的共晶组织，这种由非共晶成分所得到的共晶组织称为伪共晶。

如图 29-2 所示，从热力学角度来看，一定成分范围的液体合金快冷到相图的两条液相线的延长线所包括的范围内时，它们都可以得到共晶组织（伪共晶组织）。此外，共晶凝固不仅受热力学条件的制约，还受到原子迁移和堆砌的动力学条件的制约，因此实际的共晶共生区与平衡相图上所示的共生区（伪共生区）有一定程度的差异。

当合金中两组元熔点相近时，伪共晶区对称分布，如图 29-3（a）所示。若两组元熔点相差较大时，共晶成分偏靠于低熔点相的一方，组元之间的熔点相差越大，就越容易引起共晶共生区偏离围绕共晶成分的对称位置，如图 29-3（b）和（c）所示为两共晶组元随着熔点的差别而偏离共晶对称位置的情况。造成上述情况的原因是组元之间的熔点差别愈大，共晶成分愈靠近低熔点相。当共晶成分的合金冷到共晶温度以下进行结晶时，由于浓度起伏及扩散的关系，低熔点相较高熔点相易于形核，并且长大速度快，因此不能得到100％的共晶组织，而是得到以低熔点相为初晶的亚共晶组织，这样就使得产生共晶组织的共生区成分偏向高熔点一方。同理，当选用的合金成分为非共晶成分时，其先结晶相在平衡冷却时为高熔点相，而在非平衡冷却时，由于共晶共生区偏向于高熔点相一方，因此就有可能获得100％的共晶组织。

Al-Si合金的共晶共生区不是以共晶成分为对称中心，而是偏向高熔点相，即硅的一方。共晶共生区的形状主要取决于两个相单独生长时的长大速度与过冷度的关系。如果某相的长大速度随过冷度的增加下降得很快，则该相的生长受抑制，使共晶共生区歪向该相一边。影响长大速度的主要因素为各相本身的晶体结构及其固液界面的性质。由于硅晶体结构比较复杂并具有光滑界面，所以其长大速度随温度的降低而显著下降，造成共晶区偏向硅一方，如图 29-3（b）、（c）所示。

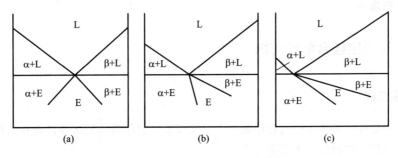

图 29-3　共晶共生区的三种形态

3. 铝硅合金中各组织形成机理

（1）亚共晶

对于亚共晶 Al-Si 合金而言，其共晶组织的形成有两种方式，具体采取哪种方式与熔体的过热状态有关。当熔体过热温度高或保温时间延长时，该合金共晶组织将由两种形成方式并存过渡到基本依附于初生铝形成的方式。

Al-Si合金的亚共晶非平衡凝固组织由 α(Al) 枝晶和枝晶间的 (α+β) 共晶组织组成。共晶硅呈针状分布，其形态随温度基本上没有变化。但在不同温度下，组织中 α(Al) 枝晶排列非常不规则，其一次枝晶不完整且很粗大，二次枝晶臂间距较宽，呈短柱状形态，共晶组织多分布于 α(Al) 枝晶之间且呈离散网状分布，但是也有一些共晶聚集在一起呈团聚状分布。随着过热温度的升高，合金的凝固组织的形貌特征会发生明显变化。

（2）共晶

共晶成分的 Al-Si 合金从该系合金的共晶共生区的形态来看，大致属于亚共晶系列，所以在一般凝固条件下获得的凝固组织主要均为初生铝＋共晶组织。其非平衡凝固特性与亚共晶合金相类似，但又存在部分区别，主要在于此时合金内部已经出现了一定量的硅原子集团，这些硅原子集团可能在快速凝固过程中结晶形成一些初生硅粒子，所以初生铝既可以依靠较大的过冷度在液相中均匀形核长大析出，也可以依靠这些现成的硅"核心"长大，即形成晕圈组织。随着初生铝的不断析出，液相成分逐渐向共晶共生区方向移动，当达到该区域内时共晶组织即开始结晶析出。此时共晶组织形核长大的机制也与亚共晶合金相类似，主要有两种方式，在液相中均匀形核长大或依靠初生铝长大形成。由于熔体状态的差异，共晶组织形成的方式有所不同，其规律也与亚共晶合金类似。

（3）过共晶

过共晶合金非平衡凝固机理与亚共晶、共晶合金相类似，只是此时的初生相为硅。在凝固速度较快但又没有达到只促使共晶组织生长的情况下，一般凝固组织仍以初生硅＋共晶组织为主，此时后凝固的共晶组织可以直接依附于初生硅相粒子形核长大。有研究指出，即使在共晶共生区中，随着凝固速度的不同，（Al＋Si）共晶两相的共生状况也是有差异的。当凝固速率极小时，两相的共生作用很差，硅相此时呈粗大的片或树状；当凝固速度在一定范围内时，共晶两相配合较好，硅相具有良好的取向；当凝固速度再提高时将出现两相不稳甚至发生失稳现象。

（三）铸造铝硅合金的熔炼

1. 熔炼过程

铝合金的熔炼是铸件生产过程中的一个重要环节，它包括选择熔炼设备和工具、炉料处理与配比计算以及控制熔炼工艺等过程。

（1）熔炼炉

铝合金以及其他铸造有色合金熔炼中的问题是元素氧化烧损量大、合金液吸气量多。因此熔炼炉应保证金属炉料快速熔化、缩短熔炼时间，以减少合金元素烧损和吸气，降低燃料、电能消耗，延长炉龄。常用的熔炼炉有电阻坩埚炉、电阻反射炉、中频炉、焦炭坩埚炉、油坩埚炉等。

（2）坩埚

熔炼铝合金的坩埚有铸铁坩埚、铸钢（材质多为含铬耐热铸铁或中硅耐热球铁）坩埚和石墨坩埚三种。

（3）金属炉料

主要有纯金属、预制合金锭、中间合金和回炉料。各种纯金属都已按其纯度和用途标准化并列入国家标准。回炉料分为三级，废铸件浇冒口等称一级回炉料；小块浇冒口、坩埚底部剩料称二级回炉料；碎小废料、溅块等称三级回炉料。

（4）助剂

包括覆盖剂、精炼剂和变质剂三种。覆盖剂用于覆盖合金液体表面，防止合金氧化和吸气，主要为由氯化钾、氯化钠、氟化钙等组成的覆盖剂。精炼剂用于清除合金液中所含的气体和氧化物夹杂等。铝合金熔炼常用的精炼剂有氯化锌，六氯乙烷，氯气，氮气及由氯化钠、氯化钾、冰晶石等组成的精炼剂。变质剂是指在金属液体中加入的少量添加剂，能够使金属或合金的结晶组织和性能发生明显改善。常用的变质元素有钠、锆、锶、铋、锑、镧、磷等。

（5）辅助材料

指铁质坩埚及熔炼工具表面上涂的涂料，涂料的主要成分有耐火泥、氧化锌、双飞粉、碳化硅、水玻璃等。

（6）配料

通过配料计算，确定各种金属炉料的配比和用量，以满足合金的化学成分和质量要求，并使各种金属炉料得到合理利用。

2. 熔炼工艺对铝硅合金的影响

（1）铸造温度

由于在 Al-Si 合金熔炼过程中使用 Al-Si 中间合金、结晶硅或速溶硅，而这些炉料中都含有不同数量的初晶硅组织，故必须选择相对高的熔炼温度才能加速 Si 元素的溶解和扩散，否则，会因为初晶硅得不到充分溶解和扩散而残留于 Al-Si 合金铸锭中。工业生产实践表明，共晶型 Al-Si 合金的熔炼温度应控制在 $780 \sim 800^{\circ}\text{C}$ 为宜。这是因为要使 Al-Si 中间合金中的组织遗传性得到破坏，其合金化温度需要高于胶状颗粒发生不可逆破坏的临界温度范围。如果在实际生产中，Al-Si 合金的熔炼温度达不到该临界温度范围，即 Al-Si 中间合金的组织遗传性得不到完全破坏，那么合金中的初晶硅、共晶硅组织形态必然会遗传到共晶型 Al-Si 合金制品中，这也是 Al-Si 合金需要以较高温度进行熔炼的主要原因。

（2）熔体精炼

铝合金在熔炼过程中容易吸气，也易产生氧化物夹杂。因此，为了获得高质量的铝合金液，必须对铝合金熔体进行精炼，从而去除气体和氧化物夹杂。

铝合金的精炼方法很多，按作用原理可分为非吸附精炼和吸附精炼两个基本类型。非吸附精炼是指不依靠在熔体中加入吸附剂，而是通过某种物理作用，如真空、超声波、比重差等，改变体系的平衡状态，实现精炼的目的。吸附精炼是指通过铝合金熔体直接与吸附剂，如各种气体、液体、固体精炼剂及过滤介质等接触，使吸附剂与熔体中的气体和固态非金属夹杂物发生物理或化学反应，从而达到除气除渣的目的。其熔体净化程度取决于接触条件，即取决于熔体与吸附剂的接触面积、接触时间和接触的表面状态。吸附精炼包括吹气精炼、氯盐精炼、溶剂精炼、熔体过滤等。

（3）变质工艺

采用常规铸造方法制备过共晶铝硅合金时，硅相偏析十分严重，分布也不均匀。初晶硅粗大，呈板条状或多角状，共晶硅为长针状，这些都将严重割裂基体的连续性，并且容易在硅相的尖端和棱角处引起应力集中，导致合金变脆，使力学性能特别是延伸率显著降低，切削加工性能也变差，从而限制铝硅合金材料的应用。Al-Si 合金的理想组织应该是在基体上弥散均匀地分布着一定数量的规则颗粒状初晶硅相和短棒状共晶硅相，这样既能保持基体良好的韧性，又能充分发挥初晶硅相和共晶硅相的增强作用。因此生产中必须对合金中的初晶硅和共晶硅进行细化变质，加入变质剂，改变硅相的组织和形态，使其呈点球状，减少其对基体的割裂作用，进而提高和改善过共晶铝硅合金的综合性能。当前主要使用的变质剂有 Na、P、K、Sr 等。

Na、K、Sr 等元素能对铝硅合金进行变质主要是由于这些元素在 α-Al 中的固溶度较小，加入后一般会偏聚在硅晶体表面，减缓硅在溶液中的移动，同时包围在硅晶体表面的 α-Al 的迅速增长也会抑制硅的增长，最终导致硅组织被细化。

采用单一元素变质存在一定的局限性，难以达到最佳综合变质效果，如 P 只能变质初晶硅却对共晶硅没有影响；Na 的变质有效时间短，容易衰退；Sr 对共晶硅有很好的变质效果但常在铸件中形成气孔等。为了更好地发挥各类变质剂的变质细化效果，探寻有效的复合变质处理方法成为铸造 Al-Si 合金领域的一个重要研究课题。同时，稀土变质剂由于成本低、具有长效性且对环境无污染而被看作是最具发展前途的变质剂。

（4）冷却速度

随着冷却速度的下降，合金组织逐渐粗化。在较快冷却时共晶硅呈现很好的细小变质状态；而当冷速降低时，合金中共晶硅以较大的条状形态出现；在冷速较慢时，合金组织和未变质时的形态相像，共晶硅呈现板状及针状，并杂乱地分布在基体铝上。同时当合金在较快冷却速度下进行冷却时，合金中黑色的共晶硅组织比冷却速度慢时要多，白色的基体 α-Al 则相对较少。究其原因，主要是因为当冷却速度较快时，凝固过程的匀晶过程进行不充分，一部分熔体转变以伪共析的形式进行，从而使得合金中的黑色共晶硅含量增加。

因此，金属铸模浇铸时冷速较快，组织分布较砂模浇铸细；砂模浇铸时冷却较慢，全部组织较为粗大。

图 29-4 是铝合金熔炼过程的示意图。

 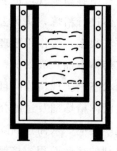

(a) 加入配制好的铝硅合金料加热熔炼　　　(b) 除气精炼处理(温度为680～710℃)

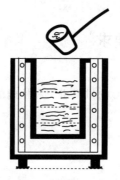

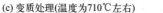

(c) 变质处理(温度为710℃左右)　　　(d) 调温浇注(浇注温度为690~760℃)

图 29-4　铝合金熔炼过程示意

三、实验设备与材料

① 纳博热熔炼炉、焙烧炉、箱式热处理炉、烘干机、磨抛机、光学显微镜、数码相机、硬度试验机、金相砂纸等；

② 材料：纯铝、铝硅中间合金、硅，熔炼辅料。

四、实验内容及步骤

1. 浇铸实验

① 进行配比计算，配置炉料，并将配制好的炉料充分预热。

② 将一定量的铝及全部的硅装炉，随着硅的熔化，分批将剩余的铝加入熔炉，并充分搅拌，至全部熔化。

③ 在 700℃左右（680~710℃）加入精炼剂，进行除气精炼处理。在 710℃左右，加入变质剂进行变质处理。

④ 将合金液体注入锭模。根据锭模确定冷却时间，及时开模，取出铸件。

⑤ 取出铸件后，观察铸件形貌。

2. 显微组织观察

按照金相样品制备步骤，制备样品并在光学显微镜下观察。

3. 硬度试验

可选用洛氏硬度法、布氏硬度法或维氏硬度法，如果在镶嵌样品上测试硬度，必须采用维氏硬度法。

五、实验报告要求

讨论熔炼过程中影响材料组织和性能的因素。

六、思考题

① Al-Si 亚共晶组织和共晶变质组织有什么区别？
② 过共晶 Al-Si 合金变质后的显微组织描述。

附录：部分铝硅显微组织图（图 29-5～图 29-8）

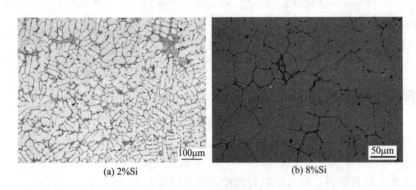

(a) 2%Si   (b) 8%Si

图 29-5　铝硅亚共晶显微组织

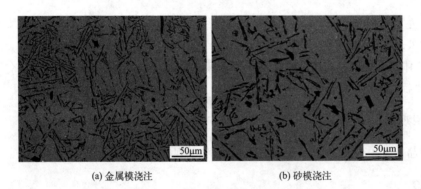

(a) 金属模浇注   (b) 砂模浇注

图 29-6　铝硅共晶显微组织

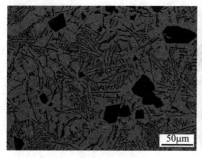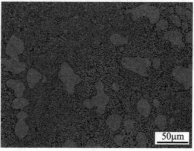

(a) 未变质   (b) 变质

图 29-7　铝硅过共晶显微组织

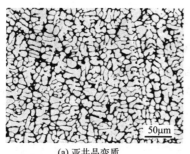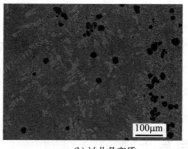

(a) 亚共晶变质   (b) 过共晶变质

图 29-8　铝硅变质处理显微组织

冷却速度对钢组织与性能的影响

一、实验目的

① 熟悉钢的热处理综合实验过程，了解不同奥氏体化温度、不同冷却速度（水冷、油冷、空冷、炉冷）对典型钢（T8钢、45♯钢）的组织与性能的影响。

② 识别钢中珠光体、索氏体、屈氏体、贝氏体的组织形态特征。

二、实验原理与方法

钢的热处理是通过加热、保温和冷却三个步骤来改变其内部组织，从而获得所需性能的一种热加工工艺。它的基本过程包括：将钢加热到选定温度，在该温度下保持一段时间奥氏体化，然后以不同的冷速进行冷却，将会得到不同的组织，具有不同的性能。工业生产上进行的水淬、油淬、正火等工艺操作，实际上就是通过水冷、油冷、空冷或控温等冷却方式来获得所需的组织与性能。

（一）加热温度的选择

1. 钢的退火和正火温度

对于不重要的工件，退火、正火可作为最终热处理。对于重要的工件，退火、正火是中间热处理，用来消除或改善铸、锻、焊工艺过程中造成的缺陷，为下一道工序作组织准备。

完全退火是将钢加热到 A_{c1} 或 A_{c3} 以上 30～50℃，保温后随炉冷却。完全退火的组织接近平衡组织。不完全退火是将钢加热到 A_{c1} 与 A_{c3} 之间（通常 A_{c1} 以上 30～50℃），保温后随炉冷却至 500℃ 或加热到 A_{c1} 以上某温度恒温一段时间后再冷却。共析钢和过共析钢大多采用不完全退火，组织为球状珠光体，因此该工艺又称为球化退火。正火和各种退火的加热温度范围如图 30-1 所示。

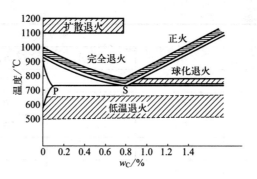

图 30-1　正火和各种退火的加热温度范围

2. 淬火温度

钢的淬火是将钢加热到 A_{c3} 或 A_{c1} 以上保温一段时间后快速冷却。冷却介质一般为油、水和盐水。淬火加热温度范围如图 30-2 所示。表 30-1 列出了不同成分碳钢的临界温度。

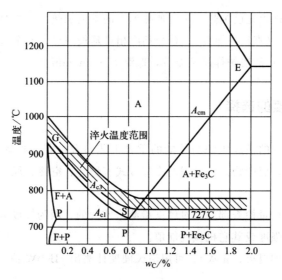

图 30-2　淬火的加热温度范围

表 30-1　不同成分碳钢的临界温度

类别	钢号	临界点/℃			
		A_{c1}	A_{c3} 或 A_{cm}	A_{r1}	A_{r3}
碳素结构钢	20	735	855	680	835
	30	732	813	677	835
	40	724	790	680	796
	45	724	780	682	760
	50	725	760	690	750
	60	727	770	695	721

类别	钢号	临界点/℃			
		A_{c1}	A_{c3} 或 A_{cm}	A_{r1}	A_{r3}
碳素工具钢	T7	730	770	700	743
	T8	730	—	700	
	T10	730	800	700	
	T12	730	820	700	
	T13	730	830	700	

（二）保温时间的确定

为了使钢件内外各部分温度均匀一致，并完成组织转变，必须在加热温度下保温一定时间。

对于碳钢件，放进预先已加热至选定加热温度的炉内加热。如果是箱式电炉，所需保温时间大约为 1min/mm（直径或厚度），合金钢应相对延长一点。安全起见，箱式炉样品到温后，保温 1.5min/mm；盐浴炉样品到温后，保温 1.0min/mm。

（三）冷却速度的选择

冷却方式是决定钢的最终组织与性能的重要工艺参数，同一种碳钢在不同冷却速度下冷却，会得到不同的转变产物。常采用的冷却方式有炉冷、空冷、风冷、油冷、水冷、等温盐浴冷却等。

工件热处理后的质量检查都是通过硬度检测来实现的，因为硬度既不损坏试样，又可通过查表或公式换算出强度或其它机械性能值。

对于较软的钢（如退火、正火），可用洛氏硬度计测出 HRBW 值。HRBW 的测量范围：25～100。

对于较硬的钢（如淬火、调质），可用洛氏硬度计测出 HRC 值。HRC 的测量范围：20～67。

无论 HRC 还是 HRBW 都可通过查表，换算成 HBW 值，以便进行硬度比较。

钢经热处理后的基本组织概述如下。

索氏体：是片状渗碳体与铁素体的层片相间的机械混合物，层片分布得较珠光体细密，高倍显微镜下才能分辨出来，是由奥氏体过冷直接得到的。

屈氏体：也是珠光体类型的组织，是渗碳体和铁素体层片相间的机械混合物，但它的层片比索氏体还细密。在一般光学显微镜下无法分辨，只有在电子显微镜下才能分辨出其中的层片，是由奥氏体过冷直接得到的。

马氏体：它是碳在 α-Fe 中的过饱和固溶体，马氏体形态按含碳量高低分两种，即板条马氏体和片状马氏体。

板条马氏体：低碳钢或低碳合金钢淬火后得到的组织为板条马氏体组织，其金相组织特征是大小差不多的细马氏体条平行排列成束状，束与束之间位相差较大，在一个原始奥氏体晶粒内可形成几个位向不同的马氏体领域（束），韧性较好。

片状马氏体：含碳较高的钢经淬火后得到的马氏体呈片状（也称针状、透镜状、竹叶状），在一个奥氏体晶粒内形成的第一片马氏体较粗大，往往横穿整个奥氏体晶粒，将奥氏体晶粒加以分割，使后形成的马氏片大小受到限制，所以片状马氏体的大小不一，其间还残留奥氏体。

回火马氏体：马氏体经低温回火后，得到的组织为回火马氏体组织。它仍保持原有片状马氏体的形态，但由于在低温下回火，有极小的碳化物析出，所以回火马氏体易受侵蚀，在金相显微镜下观察比淬火马氏体稍暗一些。

贝氏体：贝氏体分三种金相形态，上贝氏体、下贝氏体和粒状贝氏体。

上贝氏体：亦称羽毛状贝氏体，其组织特征是条状铁素体大致平行排列，渗碳体分布于铁素体条间。

下贝氏体：亦称针状贝氏体，其组织特征是针状铁素体内有碳化物沉淀，碳化物的位向与铁素体长轴约成 $55° \sim 60°$ 角，针状呈黑色，易腐蚀，与回火马氏体相似。

粒状贝氏体：其组织是由铁素体和铁素体所包围的小岛状组织所组成，岛状组织刚形成时含碳奥氏体，其后转变为三种情况，分解为铁素体和碳化物、发生马氏体转变或仍保持富碳奥氏体。

三、实验设备与材料

① 实验设备：电炉，硬度计，金相显微镜，制备金相试样的设备及耗材。
② 实验材料：20♯钢，45♯钢，T10、T12钢，水、油桶等。

四、实验步骤

① 制定热处理工艺，先将热处理炉加热到指定温度，再将试样用铁丝扎好，放入电炉中，保温 20～30min 后，取出分别进行水冷、油冷、空冷及炉冷。淬火时注意铁钳应夹住铁丝，不要夹住样品，以免降低冷却速度；应迅速地将试样放入水或油中，并不停地搅动试样，注意不要使试样露出液面。
② 将试样用砂纸磨去氧化皮，测定硬度并记录下来。
③ 制备金相试样，观察其金相组织。

五、实验报告要求

① 记录实验用钢经不同冷却速度后的硬度值，观察金相组织。

② 根据试验用钢的连续冷却转变曲线（CCT 曲线）与水冷、油冷、正火、退火的大致冷却曲线的相应位置，讨论冷却速度对组织与性能的影响。

六、思考题

① 实验中发现金相组织和硬度与理论有偏差，请问有哪些原因？

② 45♯钢热处理后金相组织有什么特点？

③ 铸铁可以热处理吗？

钢的淬透性测定

一、实验目的

① 了解淬透性的概念；

② 掌握末端淬火法和端淬曲线的应用；

③ 了解和分析淬透性的影响因素。

二、实验原理与方法

（一）淬透性的概念

钢的淬透性是指钢经过奥氏体化后在淬火时转变成马氏体的能力。淬透性是钢的一种重要工艺性能，是评价钢的重要指标。因为淬透性的好坏直接影响到机械性能，所以对于机械零件，特别是那些要求综合性能较高的机械零件，总是希望采用淬透性好的材料来制造。因此了解和掌握淬透性的测定方法是具有实际意义的。

钢的淬透性可用规定条件下淬透层的深度表示，将淬火件的表面至半马氏体区（50%为马氏体，其余为珠光体类型的组织）间的距离称为淬透层深度。淬透层深度的大小受钢的淬透性、淬火介质的冷却能力、工件的体积和表面状态等因素的影响，所以测定钢的淬透性时，要规定淬火介质、工件的尺寸等，才能通过淬透层深度来比较钢的淬透性。

钢的淬硬性是指奥氏体化后的钢在淬火时硬化的能力，主要取决于马氏体中的含碳量。

（二）淬透性的测量方法

测定钢的淬透性有末端淬火法、断口检验法、U形曲线法以及计算法等。目前最常用的方法是末端淬火法。

末端淬火法（GB/T 225—2006）规定的标准样品和试验装置如图 31-1 所示。在试验之前应进行调整，使水柱的自由喷出高度为（65±10)mm，水的温度为（20±5)℃，试样放入支架时，冷却端与喷嘴的距离为 12.5mm。

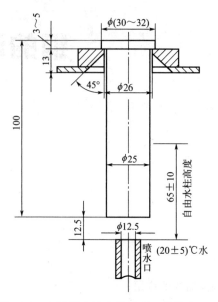

图 31-1　末端淬火法实验示意（单位：mm）

试验时，将待测样品加热到规定的奥氏体化温度，保温 30min 后从炉子中取出，在 5s 内迅速放于淬火的支架上，立即喷水冷却。试样的末端持续喷水冷却 10min，水冷端的冷却速度最快，约为 100℃/s，而离开淬火端冷却速度逐渐降低，上端的冷却速度约为（3～4）℃/s，相当于空冷。

由于沿试样长度方向的冷却速度不同，得到的组织和性能也不同。试样全部冷却后，在试样侧面磨去深度 0.4～0.5mm，得到宽 2～5mm 的平面，放在专用夹具上进行硬度测试。专用夹具上带有刻度，通常测定离开淬火端面 1.5mm、3mm、5mm、7mm、9mm、11mm、13mm、15mm 前 8 个测量点和以后间距为 5mm 的测量点的硬度值（测量低淬透性钢的硬度时，第一个测量点应在距淬火端面 1.0mm 处，前 11 个测量点的间距为 1mm，以后的测量点分别距淬火端面 13mm、15mm、20mm、25mm 和 30mm），直到硬度值稳定为止。画出硬度值随距淬火端面距离变化的曲线，便得到所谓的淬透性曲线（如图 31-2），我们由此定性地估计出钢的淬透性的高低。

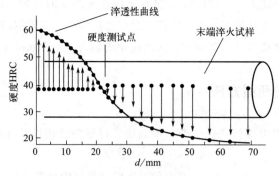

图 31-2　末端淬透性曲线

淬透性测量结果可用 J××-d 来表示，其中××表示硬度值，或为 HRC，或为 HV30；d 表示从测量点到淬火端面的距离，单位为 mm。例如：J35-15 表示距离淬火端面 15mm 处的硬度值为 35HRC，JHV450-10 表示距离淬火端面 10mm 处的硬度值为 450HV30。

（三）淬透性曲线的应用

① 距淬火端面 1.5mm 处的硬度可代表该钢种的淬硬性。因为通常情况下，该点附近马氏体的含量达到 99.9％以上，所以该处的硬度就是马氏体的硬度。

② 曲线上拐点处的硬度大致是 50％马氏体的硬度。该点距淬火端面距离的远近即表示钢的淬透性。

③ 整个曲线上硬度的变化情况也能反映淬透性，尤其是在拐点附近，硬度变化平稳表示钢的淬透性强，硬度变化剧烈表示钢的淬透性弱。

三、实验设备与材料

① 高温加热炉；

② 端淬设备；

③ 洛氏硬度计及专用打硬度的夹具；

④ 端淬试样：45♯钢、40Cr、T10 钢、42CrMo 钢。

四、实验步骤

每组测定两种钢种，45♯钢和 40Cr 或 T10 钢和 42CrMo 钢。

① 把试样放入预先加热到规定温度［亚共析钢 A_{c3}＋(30～50)℃，过共析钢 A_{c1}＋(30～50)℃］的电炉中加热，保温 30min。

② 用钳子钳住试样顶头处，很快地（时间不超过 5s）将试样放在端淬设备的架子上，立即打开水龙头对试样一端进行喷水冷却，喷水过程必须仔细控制水柱的稳定性，喷水时间不得少于 10min，然后将试样投入水中冷却。

③ 试样全部冷却后，在试样侧面磨去深度 0.4～0.5mm，得到宽 2～5mm 的平面，放在专用夹具上进行硬度测试。专用夹具上带有刻度，依次向内推进，测定硬度。将硬度值与距淬火端距离的关系画成曲线，便得到所谓的端淬曲线（见图 31-2）。

④ 沿试样长度 1/2 处割开（切割时必须用水冷，以防止回火）。取一半磨制，用 4％硝酸酒精腐蚀，在光学显微镜下观察末端淬火金相组织，可看出淬硬层与未淬硬层区域（未淬硬层部分呈黑色），研究从淬火端到心部的组织及相应的硬度变化情况。

五、注意事项

① 为了防止试样在加热时顶端脱碳，将试样放在一套筒内，筒内装有木炭加以保护，如图 31-3 所示，到温取出后很快地将试样顶端的木炭屑去除干净。

② 在端淬前，将水柱高度调整好，使水压保持稳定。

③ 端淬前将夹具擦干，不得有水，以免影响冷速。

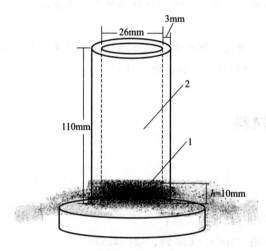

图 31-3 热处理防脱碳装置
1—木炭粉；2—钢罐

六、实验报告要求

① 根据实验得到的不同成分钢的淬透性曲线，比较它们的淬透性；

② 说明淬透性的实际意义；

③ 根据实验，总结从端淬面到心部的显微组织和性能的关系。

聚甲基丙烯酸甲酯的本体聚合与拉伸性能测定

一、实验目的

① 理解自由基本体聚合的原理，掌握聚甲基丙烯酸甲酯（有机玻璃）的制备方法。
② 了解自由基聚合连锁反应中自动加速效应的特点。
③ 掌握聚合物拉伸应力-应变曲线的测定方法以及不同类型聚合物的拉伸行为的特点。

二、实验原理与方法

下面介绍甲基丙烯酸甲酯自由基本体聚合原理。
甲基丙烯酸甲酯单体发生自由基聚合制备聚甲基丙烯酸甲酯（PMMA）的反应式为：

本体聚合法是生成聚甲基丙烯酸甲酯最重要的方法。本体聚合法仅由单体和少量引发剂组成，产物纯净，不影响产物的透明性。然而自由基聚合属连锁反应，一般有三个基元反应，包括链引发、链增长、链终止（有时会出现链转移）反应。自由基聚合采用本体聚合时，当反应到一定程度，聚合体系黏度增大，大分子链自由基活性降低，阻碍了链自由基的相互结合，使链终止速率减慢，而小分子单体仍可以自由与链结合，链增长速率不会受到影响。因此在反应的某一阶段会出现自动加速效应，内部温度急剧上升又继续加剧反应。随着反应进行，体系不断变稠，反应热不易排出，因而易造成局部过热，使产品分子量分布变宽，颜色变黄，从而影响聚合物的性质。过热严重还会引起爆聚，导致反应失败，这是我们不想看到的。

为了解决本体聚合过程中的散热困难、体积收缩、易产生气泡等问题，工业上采用预聚、聚合和高温后处理三个阶段加以控制。在本体聚合中严格控制不同反应阶段的反应温度，及时排出反应热是非常重要的。

PMMA 板材即有机玻璃的本体聚合制备流程为：

MMA ┐
引发剂 ┘ → 预聚合 → 浇模逐渐升温聚合 → 有机玻璃浇铸制品
　　　　(聚合物浓度20%～30%)　　(25℃体积收缩率为21%)

进行预聚合的优点包括：①使一部分单体先聚合，减小在模具中聚合时的体积收缩率；②缩短在模具中聚合的时间；③避免爆聚；④增加聚合体系黏稠度，减少模具中原料溢出；⑤克服单体中的氧阻聚效应。

三、实验设备与材料

① 恒温水浴，电炉，三口烧瓶，球形冷凝管，温度计，搅拌器，变压器，电子天平，小试管，瓶盖，浇注 PMMA 板材用聚四氟乙烯（PTFE）模具；

② 实验材料：甲基丙烯酸甲酯（MMA），过氧化苯甲酰（BPO）。

四、实验内容及步骤

（一）甲基丙烯酸甲酯的本体聚合

① MMA 的预聚装置如图 32-1 所示。将 0.32g 的 BPO、40mL 的 MMA 加入配有冷凝管的 250mL 三口烧瓶中，开启搅拌，待 BPO 完全溶解后开始加热。

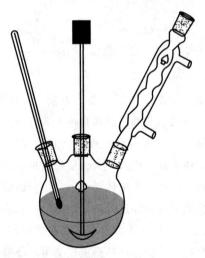

图 32-1　甲基丙烯酸甲酯预聚实验装置

② 缓慢升温至 85℃，恒温反应 0.5～1h。反应期间，间隔用玻璃棒取出体系中的液体，检查其黏度变化，当体系黏度比甘油稍大，出现拉丝（短丝）时，转化率约为 7%～17%，

立刻停止加热，关冷凝水，停止搅拌。

③ 迅速将部分上述预聚物缓缓倒入事先准备好的 PTFE 模具中，将浇注好的模具上下分别放置一块玻璃板以保证制样平整，最后同玻璃板一起将模具置于通风橱中一个星期，预聚物会在自身反应热下完成中期聚合而基本成型。

④ 一个星期后，连同玻璃板将模具置于 100℃烘箱中高温熟化 4h，使剩余单体反应完全。

⑤ 待熟化完成后，自然降温至室温，小心脱除模具取下 PMMA 板材，备用。

⑥ 将剩下的预聚物倒入试管中，把试管置于水浴中加热，观察试管中发生的爆聚现象。或者将预聚物倒入装有花草或昆虫的小试管中，制成透明的有机玻璃标本，尝试利用所学知识解释相关现象。

注意事项：

① 聚合期间应严格控制反应温度在 85℃左右，如果温度过高，反应速度很快，容易发生自动加速现象，甚至爆聚。

② 注意控制预聚物浆液的黏度，黏度过低，在模具中的反应收缩率很大，得到的产品厚度很薄，不能满足后续实验的要求；黏度过大，在倒入模具中时容易产生气泡。

③ 在用聚甲基丙烯酸甲酯制作标本时，放入的物品最好不要含水（不能放新鲜的花草），否则水的引入会破坏产品使之浑浊而不透明。

（二）应力-应变曲线的测试

（1）样条的制备

用标准裁刀在本体聚合制备的 PMMA 板材试样上裁出 3 个哑铃形标准样条（按 GB/T 1040.2—2022 的 1A 型样条制备，并对样条编号）。

（2）样条的测量

用游标卡尺测量样条的中间部位间隔一定距离的三点的宽和厚，每根样条的宽与厚各测三次，取平均值。

（3）样条的测试

将样条置于电子万能材料试验机上进行室温拉伸测试，拉伸速度 10mm/min。根据拉伸曲线，计算样品的拉伸强度和断裂伸长率。

五、思考题

① 本体聚合自动加速效应是怎样产生的？如何控制自动加速效应？
② 制备有机玻璃时，为什么要进行预聚？
③ 制备有机玻璃，各阶段的温度应怎样控制？为什么？
④ 如何根据拉伸应力-应变曲线判断聚合物的性能？

聚苯乙烯的悬浮聚合及熔融指数测定

一、实验目的

① 通过实验掌握悬浮聚合的实施方法，了解配方中各组分的作用；

② 了解分散剂、升温速度、搅拌速度等对悬浮聚合的影响；

③ 掌握聚合物熔融指数的测定方法。

二、实验原理

（一）苯乙烯的悬浮聚合实验原理

悬浮聚合是借助于悬浮剂以及搅拌的作用将单体分散在单体不溶的介质（通常为水）中，单体以油珠小液滴的形式悬浮于介质中，聚合反应在每个小液滴内进行。悬浮聚合是烯类单体制备高聚物的重要方法之一。从聚合反应动力学来看，悬浮聚合与本体聚合一样，每一个微珠即为本体聚合反应的一个单元。由于悬浮聚合的散热面积较大，解决了本体聚合中散热的问题，但因为珠粒表面附有分散剂，会使产物纯度降低。

根据聚合物在单体中的溶解状况，可以得到不同形态的聚合物。如果聚合物不溶于单体，则产物呈不透明、不规整的颗粒，如氯乙烯悬浮聚合；而当聚合物溶于单体时，得到产物为透明的珠状产物，如苯乙烯和甲基丙烯酸甲酯的悬浮聚合。

悬浮聚合体系一般由单体、分散介质（通常为水）、悬浮剂、引发剂四个基本组分组成。

① 单体：不溶于水，例如苯乙烯、醋酸乙烯酯、甲基丙烯酸甲酯等；

② 分散介质：通常选择水作为分散介质，维持体系呈悬浮态，并将反应热传导出去；

③ 悬浮剂：分为水溶性高分子化合物（明胶、淀粉、聚乙烯醇等）、非水溶性高分子化合物和助分散剂（表面活性剂），调节反应体系表面张力、黏度，避免单体液滴在水相中团聚；

④ 引发剂：不溶于水，要事先溶于单体中，避免过早聚合。主要为油溶性引发剂，如过氧化二苯甲酰（BPO）。

自由基引发苯乙烯悬浮聚合的反应式为：

（二）高聚物熔融指数的测定原理

塑料熔体在规定的温度和压力下，在规定时间内通过标准毛细管的质量（克数）称为熔融指数（MI），是一种表征塑料材料加工时流动性的参数，其测试是在标准的熔融指数仪中进行的。熔体流动速率表示为 g/10min，其值越大，表示此塑料材料的加工流动性越佳，反之则越差。

影响高聚物熔体流动性能的因素有内因和外因两个方面。内因主要指分子链的结构、分子量及其分布等；外因主要指温度、压力、毛细管的内径与长度等。为了使 MI 值能相对地反映高聚物的分子量及分子结构等物理性质，必须将外界条件相对固定。在本实验中，按照标准试验条件，对于不同的高聚物选取不同的测试温度与压力。因为各种高聚物的黏度对温度与剪切应力的依赖关系不同，MI 值只能在同种高聚物间相对比较。一般说来，熔融指数小，即在 10min 内从毛细管中压出的熔体克数少，样品的分子量大。如果平均分子量相同，黏度小，则表示物料流动性好，分子量分布较宽。MI 值是在低剪切速率下测定的，而在实际成形加工尤其是纺丝过程中，大多在高剪切速率下进行，两者有一定区别。但在一般情况下，热熔性高聚物的 MI 值与其加工性能仍有一定关系，因此本测定方法已被广泛用于塑料加工工艺控制和确定等方面。

三、实验设备与材料

① 三口烧瓶，搅拌器，温度计，移液管，球形冷凝管，布氏漏斗，恒温水浴，电炉，变压器，电子天平，熔融指数测定仪；

② 试剂：苯乙烯，过氧化二苯甲酰，聚乙烯醇 1799，去离子水，0.1%次甲基蓝溶液。

四、实验内容及步骤

（一）苯乙烯的悬浮聚合

① 苯乙烯悬浮聚合的实验装置如图 33-1 所示。取 0.3g 聚乙烯醇，在烧杯中用 100mL 去离子水溶解。将聚乙烯醇溶液倒入三口烧瓶中，再加入 0.1%次甲基蓝水溶液数滴，通冷

图 33-1 苯乙烯
悬浮聚合实验装置

凝水，启动搅拌，升温到 85～90℃。

② 将苯乙烯单体 15mL 加入锥形瓶中，加入 0.3g BPO，轻轻摇动使 BPO 完全溶解。待溶解后倒入三口烧瓶中，然后用 50mL 去离子水冲洗锥形瓶和烧杯后加入烧瓶中。

③ 调整搅拌速度为（200～300）r/min，使单体在水中分散成大小均匀的珠粒。在聚合过程中应保持搅拌速度的恒定，以免因速度变化过大而使聚合物结块。聚合温度可控制在 90℃。

④ 反应 2.5～3h 后，用吸管取少量颗粒于表面皿中观察，如颗粒变硬，即升温至 95℃熟化 30min，冷却到 30℃后将产物倾入 200mL 烧杯中，产品用布氏漏斗过滤，用温水清洗 3 次左右，放在 50℃烘箱中烘至恒重，计算产率。

注意事项：

① 反应时搅拌速度要保持恒定，使单体能形成良好的珠状液滴，而且搅拌速度会直接影响产物颗粒的大小。

② 起始反应温度不宜太高，以免发生"爆聚"而使产物结块。

（二）聚苯乙烯熔融指数的测定

图 33-2 熔融指数测定仪

熔融指数测定仪（见图 33-2），由挤出系统和加热控制系统两部分组成。

测量温度必须高于所测材料的流动温度，但不能过高，否则容易使材料受热分解。具体的试验条件按表 33-1 选用。

表 33-1 各种试料所适用的条件

样品名称	试验条件	
	温度/℃	负荷/kg
聚甲醛（POM）	190	2.16
丙烯腈-丁二烯-苯乙烯（ABS）	220	2.16
聚甲基丙烯酸甲酯（PMMA）	230	3.80
线性低密度聚乙烯（LLDPE）	190	2.16
聚碳酸酯（PC）	300	1.2
聚丙烯（PP）	230	2.16
聚苯乙烯（PS）	200	5

① 试样制备。试样是可以放入料筒中的热塑性粉料、粒料或者小的块料或薄片。如果是吸湿性试样，则试样必须按产品标准规定进行干燥处理。

② 装好出料模孔，插入压料杆，开始升温，升到所需温度后恒温至少 15min。

③ 加料量根据原料的熔体流动速率而定。表 33-2 为加料量及切割试样时间间隔与熔体流动速率的关系。

表 33-2　加料量、切割试样的间隔时间与熔融指数的关系

熔融指数 MI/(g/10min)	试样重/g	毛细管孔径/mm	切割试样的间隔时间/min
0.1~1.0	2.5~3	2.095	6.00
1.0~3.5	3~5	2.095	3.00
3.5~10	5~8	2.095	1.00
10~22	4~8	2.095	0.50
22~50	4~8	2.095	0.25

④ 装料。将压料杆取出，往料筒中加入称好的试样，随即加上压料杆，在 5min 内用手压，使压料杆下降到下环形记号和料筒口相近处，然后加上所需砝码。

⑤ 取样。待压料杆下降到下环形记号和料筒口相平时，切除料头，同时开始计时，弃去有气泡的样条，切取 5 个样条，记下切样时间（s），当压料杆下降至上环形记号与料筒相平时，停止取样。

⑥ 计算。取 3 个无气泡的切割段分别称量并按下式计算熔融指数 MI。

$$MI = \frac{W \times 600}{t}$$

式中，W 为切割段平均质量，g；t 为切断的时间间隔，s。

注意事项：

若切取样条的质量的最大值和最小值超过其平均值的 10%，则重做试验。

记录及数据处理：

测试条件：

_____

_____

物料质量/g	切取时间/s	熔融指数/(g/10min)

五、思考题

① 结合悬浮聚合理论，说明配方中各组分的作用。

② 分散剂的作用原理是什么？其用量大小对产物粒子有何影响？

③ 根据实验体会，结合聚合反应机理，你认为在悬浮聚合的操作中，应特别注意哪些问题？

④ 熔融指数用来评价塑料的什么性质？

苯乙烯-顺丁烯二酸酐交替共聚物的溶液聚合及红外光谱表征

一、实验目的

① 了解苯乙烯与顺丁烯二酸酐发生自由基交替共聚的基本原理。

② 掌握自由基溶液聚合的实施方法。

③ 掌握红外光谱法表征聚合物结构的原理和红外光谱的解析方法。

二、实验原理与方法

（一）苯乙烯与顺丁烯二酸酐交替共聚的自由基溶液聚合实验原理

苯乙烯与顺丁烯二酸酐的共聚物，简称 SMAn 树脂，其成型收缩率小，具有天然光泽和良好的透明度，具有耐热性和优良的加工性能，可通过多种方法加工。由于其分子结构中引入了顺丁烯二酸酐，因而与各种聚合物的相容性好，适用于制备系列性能优异、价格适宜的聚合物合金材料。若将其皂化、磺化、半酯化或者以胺类中和，可合成水溶性树脂，用作颜料分散剂、皮革处理剂、印刷油墨、黏合剂、乳化剂、润滑剂及上浆剂等。

顺丁烯二酸酐由于空间位阻效应，在一般条件下很难发生均聚，而苯乙烯由于共轭效应很易均聚，将上述两种单体按一定配比混合后在引发剂作用下却很容易发生共聚，而且共聚产物具有规整的交替结构，这与两种单体的结构有关。顺丁烯二酸酐双键两端带有两个吸电子能力很强的酸酐基团，使酸酐中的碳碳双键上的电子云密度降低而带部分正电荷；而苯乙烯是一个大共轭体系，在正电荷的顺丁烯二酸酐的诱导下，苯环的电荷向双键移动，使碳碳双键上的电子云密度增加而带部分负电荷。这两种带有相反电荷的单体构成了受电子体（accepter）-给电子体（donor）体系，在静电作用下很容易形成一种电荷转移配位化合物，这种配位化合物可看作一个大单体，在引发剂作用下发生自由基聚合，形成交替共聚的结构。

另外，由 e 值和竞聚率亦可判定两种单体所形成的共聚物的结构。由于苯乙烯的 e 值为 -0.8，而顺丁烯二酸酐的 e 值为 2.25，两者相差很大，因此发生交替共聚的趋势很大。

在 60℃时，苯乙烯（M_1）和顺丁烯二酸酐（M_2）的竞聚率分别为 $r_1 = 0.01$ 和 $r_2 = 0$，由共聚组分微分方程可得：

$$\frac{d[M_1]}{d[M_2]} = 1 + r_1 \frac{[M_1]}{[M_2]} \tag{34-1}$$

当惰性单体顺丁烯二酸酐的用量远大于易均聚单体苯乙烯时，即当 $r_1 \dfrac{[M_1]}{[M_2]}$ 趋于零时，共聚反应趋于生成理想的交替结构。

在溶液聚合中，选择适当的溶剂非常关键。在选择溶剂时，除了需考虑溶剂对单体和引发剂有很好的溶解性能外，还必须考虑溶剂的链转移常数及其用量。因为溶剂直接影响聚合反应速度、转化率和聚合度。溶剂虽然不直接参加聚合反应，但是溶剂对过氧化物体系的引发剂具有诱导分解作用。诱导分解虽然使引发剂效率降低，但会使引发速率增加。各类溶剂对过氧化物类引发剂的分解速率按照芳烃、烷烃、醇类、胺类的次序依次增加。

溶剂能够控制生长着的链分子的分散状态和构型。溶剂能够降低向大分子进行转移反应的概率，因此能够减少聚合物的支化和交联。

溶剂影响聚合物分子量的大小，即大分子活性链与单体的加成反应能力应远远大于大分子活性链和溶剂的反应能力，否则将向溶剂发生链转移，既影响聚合速率，又降低分子量。因此选择溶剂，首先看其链转移常数（C_s）大小。选择 C_s 小的溶剂可制备高分量聚合物。

此外，要得到聚合物溶液，就要选择聚合物的良溶剂；要使聚合物沉淀出来，就要选择聚合物的不良溶剂。

两单体的结构决定了所生成的苯乙烯与顺丁烯二酸酐的交替共聚物不溶于非极性或极性很小的溶剂，如四氯化碳、氯仿、苯和甲苯等，而可溶于极性较强的四氢呋喃、二氧六环、二甲基甲酰胺和乙酸乙酯等。工业生产 SMAn 树脂多采用以苯为介质的沉淀聚合工艺，其工艺简单、产率高、相对分子质量高，但苯的毒性大，易对人体和环境造成危害；也可以采用溶液聚合的方法，但是聚合速率低，相对分子质量小且后处理复杂。本实验选用乙酸乙酯作溶剂，采用溶液聚合的方法合成交替共聚物，而后加入工业酒精使产物析出。

（二）红外光谱原理

红外线按其波长的长短，可分为近红外区（$0.75 \sim 2.5 \mu m$）、中红外区（$2.5 \sim 50 \mu m$）、远红外区（$25 \sim 1000 \mu m$）。红外分光光度计的波长一般在中红外区。由于红外发射光谱很弱，所以通常测量的是红外吸收光谱（infrared absorption spectrum，IR）。

因为红外光量子的能量较小，所以被物质吸收后，只能引起原子的振动、分子的振动、键的振动。按照振动时键长与键角的改变，相应的振动形式有伸缩振动和弯曲振动，而对于具体的基团与分子振动，其形式则多种多样。每种振动形式通常相应于一种振动频率，其大小用波长或"波数"来表示（注意："波数"是波长的倒数，单位为 cm^{-1}，它不等于频率）。对于复杂分子，则有很多"振动频率组"，而每种基团和化学键，都有其特征的吸收频率组，犹如人的指纹一样。例如波数在 $4000 \sim 500 cm^{-1}$ 之间，全同立构聚苯乙烯的特征谱带在 $1365 cm^{-1}$ 处、$1297 cm^{-1}$ 处、$1180 cm^{-1}$ 处、$1080 cm^{-1}$ 处、$1055 cm^{-1}$ 处、$585 cm^{-1}$ 处、

$558cm^{-1}$ 处，而无规聚苯乙烯的特征谱带在 $1065cm^{-1}$ 处、$940cm^{-1}$ 处、$538cm^{-1}$ 处；聚氯乙烯的 C—Cl 吸收带在 $800\sim600cm^{-1}$ 处；尼龙 66 的—CONH—吸收带在 $3300cm^{-1}$ 处、$3090cm^{-1}$ 处、$1640cm^{-1}$ 处、$1550cm^{-1}$ 处、$700cm^{-1}$ 处；聚四氟乙烯的—CF_2 极强吸收带在 $1250\sim1100cm^{-1}$ 处；涤纶（PET）的晶带吸收在 $1340cm^{-1}$ 处、$972cm^{-1}$ 处、$848cm^{-1}$ 处，非晶带吸收在 $1445cm^{-1}$ 处、$1370cm^{-1}$ 处、$1045cm^{-1}$ 处、$898cm^{-1}$ 处；全同聚丙烯的晶带吸收在 $1304cm^{-1}$ 处、$1167cm^{-1}$ 处、$998cm^{-1}$ 处、$841cm^{-1}$ 处、$322cm^{-1}$ 处、$250cm^{-1}$ 处等。

红外光谱法分析具有速度快、取样微、高灵敏等优点，而且不受样品的相态（气、液、固）的限制，也不受材质（无机、有机材料、高分子材料、复合材料）的限制，因此应用极为广泛。在高分子应用方面，它是研究聚合物的近程链结构的重要手段，比如：①检定主链结构、取代基的位置、顺反异构、双键的位置；②测定聚合物的结晶度、支化度、取向度；③研究聚合物的相转变；④探讨老化及其历程；⑤分析共聚物的组分和序列分布。总之，凡微观结构上起变化，在谱图上得到反映的，原则上都可用此法研究。当然，红外光谱法也有其局限性，对于含量少于 1% 的成分不易检出，因聚合物具有很大的吸收能力，谱图上谱带很多，并非每一谱带都能得到满意的解释。对复杂分子的振动，也缺乏理论计算。

傅里叶变换红外光谱仪（Fourier transform infrared spectrometer，FTIR spectrometer），简称为傅里叶红外光谱仪，主要由红外光源、分束器、干涉仪、样品池、探测器、计算机数据处理系统、记录系统等组成，是干涉型红外光谱仪的典型代表，不同于色散型红外光谱仪的工作原理，它没有单色器和狭缝，利用迈克尔逊干涉仪获得入射光的干涉图，然后通过傅里叶数学变换，把时间域函数干涉图变换为频率域函数图（普通的红外光谱图）。

① 红外光源。傅里叶变换红外光谱仪为测定不同范围的光谱而设置有多个光源，通常用的是钨丝灯或碘钨灯（近红外）、硅碳棒（中红外）、高压汞灯及氧化钍灯（远红外）。

② 分束器。分束器是迈克尔逊干涉仪的关键元件，其作用是将入射光束分成反射和透射两部分，然后再使之复合。如果动镜可使两束光造成一定的光程差，则复合光束即可造成相长或相消干涉。

对分束器的要求是：应在波数 v 处使入射光束透射和反射各半，此时被调制的光束振幅最大。根据使用波段范围不同，在不同介质材料上加相应的表面涂层，即构成分束器。

③ 探测器。傅里叶变换红外光谱仪所用的探测器与色散型红外分光光度计所用的探测器无本质的区别，常用的探测器有硫酸三甘肽（TGS）、铌酸钡锶、碲镉汞、锑化铟等。

④ 计算机数据处理系统。傅里叶变换红外光谱仪数据处理系统的核心是计算机，功能是控制仪器的操作、收集数据和处理数据。

聚合物的红外试样可以采用 KBr 压片法、溶液法、热压薄膜法和聚合物薄膜法制备。

（1）KBr 压片法

取干燥的固体试样约 1mg 于干净的玛瑙研钵中，在红外灯下研磨成细粉，再加入约 150mg 干燥的 KBr 一起研磨至二者完全混合均匀，颗粒粒度约为 $2\mu m$。取适量的混合样品于干净的压片模具中，堆积均匀，用手压式压片机用力加压约 30s，制成透明试样薄片。此法适合粉末状聚合物固体试样。

（2）溶液法

用滴管取少量固体样品的溶液（溶剂一般选择易挥发的有机溶剂），滴到液体池的一块盐片上，试样在红外干燥箱中干燥除去溶剂。此法适合易成膜的聚合物固体试样。

（3）热压薄膜法

取样品 0.5g 左右于 190℃下在油压机上预热 5min，10MPa 下保压 5min，然后常温、5MPa 下冷压 30min，制得薄膜。

（4）聚合物薄膜法

将聚合物溶于合适溶剂中，通过溶剂挥发法制聚合物薄膜，充分干燥后得到透明、无气泡、厚度小于 1mm 的试样。

本实验采用溶液法制样，测定无规聚苯乙烯试样（粉料）和聚苯乙烯-顺丁烯二酸酐交替共聚物的红外光谱，其中无规聚苯乙烯的特征谱带在 1065cm^{-1} 处、940cm^{-1} 处、538cm^{-1} 处；聚苯乙烯-顺丁烯二酸酐交替共聚物中，苯乙烯结构单元由 1600cm^{-1} 处、1493cm^{-1} 处、758cm^{-1} 处和 700cm^{-1} 处确定，顺丁烯二酸酐结构单元由 1852cm^{-1} 处及 1786cm^{-1} 处确定。

三、实验设备与材料

① 搅拌器，冷凝管，温度计，三口烧瓶，恒温水浴，量筒，烧杯，布氏漏斗，抽滤瓶，烧杯，表面皿；傅里叶变换红外光谱仪，玛瑙研钵，手压式压片机，红外干燥箱，油压机。

② 乙酸乙酯，苯乙烯，顺丁烯二酸酐，偶氮二异丁腈（AIBN），聚苯乙烯-顺丁烯二酸酐交替共聚物，乙酸乙酯。

四、实验内容及步骤

（一）苯乙烯与顺丁烯二酸酐交替共聚物的溶液聚合

① 在装有冷凝管、温度计与搅拌器的三口烧瓶（图 34-1）中分别加入 10mL 乙酸乙酯、1.2mL 新蒸苯乙烯、1.0g 顺丁烯二酸酐及 0.1g AIBN；

② 将反应混合物在室温下搅拌至反应物全部溶解成透明溶液，保持搅拌，将反应混合物加热升温至回流，反应 1.5h 后停止加热；

③ 反应混合物冷却至室温后倒入烧杯中，一边搅拌一边加入工业酒精至聚合物沉淀全部析出。用布氏漏斗通过水泵抽滤，所得白色粉末在 60℃下真空干燥后，称重，计算产率。

（二）共聚物红外光谱表征

（1）制样（溶液法）

取各样品 0.2g 左右溶于 1mL 乙酸乙酯中，用滴管取少许溶液滴在溴化钾盐片上，置于

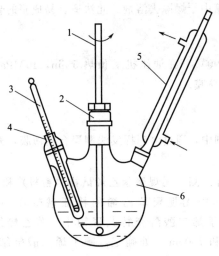

图 34-1　苯乙烯与顺丁烯二酸酐的共聚实验装置

1—搅拌器；2—密封塞；3—温度计；4—温度计套管；5—冷凝管；6—三口烧瓶

红外灯下烘干除去乙酸乙酯，装入样品架备用。

（2）测试

室温下在傅里叶变换红外光谱仪上按照仪器使用说明书的操作规程，进行各样品的红外光谱测定。

红外光谱图上的吸收峰位置（波数或波长）取决于分子振动的频率，吸收峰的高低（同一特征频率相比）取决于样品中所含基团的多少，而吸收峰的个数则和振动形式的种类多少有关。对高分子材料的分析鉴定，通常是把它的谱图和萨得勒标准谱图（the sadtler standard spectra）进行对照。本实验中，通过比较三种试样红外图谱的差别，来定性分析聚合物的化学结构。

五、思考题

① 苯乙烯-顺丁烯二酸酐交替共聚物形成的原理是什么？

② 按投料比例计算共聚物中顺丁烯二酸酐的理论质量百分含量，与你的实际测定数据做比较，若偏低，请分析原因。

③ 溶液聚合中如何选择溶剂？

乙酸乙烯酯的乳液聚合及粒度表征

一、实验目的

① 加深对乳液聚合反应机理的理解，了解乳液聚合体系的组成以及各组分的作用。

② 掌握乙酸乙烯酯乳液聚合的实验操作步骤及要点。

③ 掌握测定聚合物乳胶粒粒度的技术，以及白乳胶性能测试的基本方法。

二、实验原理与方法

（一）乙酸乙烯酯的乳液聚合实验原理

乳液聚合是指不溶或微溶于水的单体，在强烈机械搅拌和乳化剂的作用下，由水溶性引发剂的引发而进行的聚合反应。聚合体系主要由水、单体、乳化剂和水溶性引发剂四种成分组成。聚合反应前在乳液聚合体系中存在有三相：水相、胶束相和油相。①水相：引发剂分子，如过硫酸盐和过氧化氢等溶于水中，少量的乳化剂如硬脂酸钠（临界浓度以上）溶于水中，极少量的单体（按溶解度 0.02%）溶于水中，构成水相。②胶束相：通常乳化剂分子形成胶束，胶束中增溶有一定量（2%）的单体，极少量的胶束中没有增溶单体，增溶胶束的直径为 6～10nm，没有增溶的胶束直径为 4～5nm。③油相：大部分的单体（>95%）分散成单体液滴存在于油相，单体液滴表面吸附了一层乳化剂分子，形成带电的保护层，直径约为 1000nm。

乳化剂能降低界面张力，使单体容易分散为小液滴，在微粒表面形成保护层，阻止微粒凝聚。通常，乳化剂分子具有两亲性的结构，分子两端分别是亲水基和疏水基。乳化剂在溶液中的浓度达到一定值时，乳化剂分子开始形成胶束，该浓度称为临界胶束浓度（CMC）。大多数乳液聚合反应体系中，乳化剂的浓度超过 CMC 值的 1～3 个数量级，为 2%～3%。常见的乳化剂分为阴离子型、阳离子型和非离子型。

阴离子型乳化剂乳化能力较差，一般在 pH 值小于 7 的条件下使用。非离子型乳化剂的亲水部分为聚环氧乙烷链段，它常与阴离子型乳化剂配合使用。可以提高乳液的抗冻能力，改善聚合物粒子的大小和分布。目前，最常用的乳化剂是聚乙烯醇。实践证明：两种乳化剂复合使用其乳化效果和稳定性比单独使用一种要好。

乳液聚合一般采用水溶性过硫酸盐为引发剂。聚合反应是在增溶胶束内形成单体/聚合物乳胶粒，每个乳胶粒中只有一个自由基，因此聚合反应速率仅取决于乳胶粒的数目和乳化剂的浓度。乳液聚合的产物（乳胶粒子）通常是直径在 $0.2\sim5\mu m$ 的很小的乳胶粒。

乳胶粒子粒径的大小及分布主要受以下因素影响：①乳化剂的浓度。对于同一乳化剂，乳化剂浓度越大，乳胶粒子的粒径越小，粒径分布越窄；②油水比。油水比一般为 $1:2\sim1:3$，油水比越小，聚合物乳胶粒子越小；③引发剂的浓度。引发剂浓度越大，产生的自由基浓度越大，形成的单体/聚合物乳胶粒越多，乳胶粒子越小，粒径分布越窄，但分子量越小；④聚合反应温度。乳液聚合的聚合反应温度通常较低，当用氧化还原引发体系的时候，反应可在室温下进行。温度越高，乳胶粒子越小，温度越低，乳胶粒子越大，但都有可能使乳液体系不稳定；⑤加料方式。为了防止爆聚，使聚合反应平稳进行，单体和引发剂均需分批加入。在高聚合速率下可以获得较高分子量的聚合物，而且乳液聚合在聚合反应后期体系黏度通常仍较低，可用于合成黏性大的聚合物，如丁苯橡胶、氯丁橡胶、丁腈橡胶等。

乙酸乙烯酯乳液聚合遵循上述乳液聚合机理，但乙酸乙烯酯在水中有较高的溶解度，而且容易水解，产生的乙酸会干扰聚合，因而具有一定的特殊性，且乙酸乙烯酯的自由基比苯乙烯自由基更活泼，链转移反应更加显著。工业生产中使用聚乙烯醇来保护胶体，同时使用乳化剂，以具有更好的乳化效果和稳定性。本实验使用的引发剂为过硫酸盐，聚乙烯醇作为胶体稳定剂，乳化剂 OP-10 起辅助作用。

（二）激光光散射法测定聚合物乳胶粒粒度的原理

激光光散射法是利用激光照射到颗粒后，颗粒能使激光产生衍射或散射的现象来测试粒度分布的。由激光器发生的激光，经扩束后成为一束直径为 10mm 左右的平行光。在没有颗粒的情况下，该平行光通过富氏透镜后汇聚到后焦平面上，如图 35-1 所示。

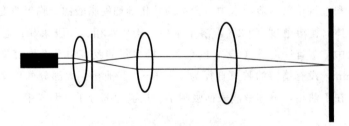

图 35-1　没有颗粒时激光通过富氏透镜的光路示意

当通过适当的方式将一定量的颗粒均匀地放置到平行光束中时，平行光将发生散射现象，一部分光将与光轴成一定角度向外传播，如图 35-2 所示。

散射现象与粒径之间存在如下关系：大颗粒引发的散射光的角度小，颗粒越小，散射光与光轴之间所成的角度就越大。这些不同角度的散射光通过富氏透镜后在焦平面上形成一系列不同半径的光环，由这些光环组成的明暗交替的光斑称为 Airy 斑。Airy 斑中包含着丰

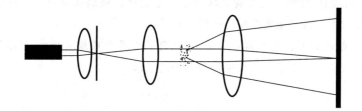

图 35-2   有颗粒时激光通过富氏透镜的光路示意

富的粒度信息，半径大的光环对应着较小的粒径；半径小的光环对应着较大的粒径；不同半径的光环光的强弱，包含该粒径颗粒的数量信息。在焦平面上放置一系列的光电接收器，将由不同粒径颗粒散射的光信号转换成电信号，经过放大和 A/D 转换经通讯口传输到计算机中，通过米氏散射理论对这些信号进行数学处理，就可以得到粒度分布。

微米激光粒度分析仪较多使用的是氦氖激光源（$\lambda = 632nm$），主要基于 Mie 理论。当所测颗粒尺寸 d 接近氦氖激光源波长 λ 时，属于 Mie-Gans 散射范围，照在颗粒上的光非均匀地散射。G. Mie（1908 年）和 P. Debye（1909 年）以球形质点为模型，球的半径为 α，波长用参量 K_a（$K_a = 2\pi\alpha/\lambda$）来表征，Mie 和 Debye 证明，只有 $K_a < 0.3$ 时，Rayleih 规律才正确，而当 K_a 较大时，散射光强度与 λ^4 的反比关系不明显。这种情况下相对折射率 n_r 及 K_a 显得十分重要。Mie 根据经典电磁场理论对 Rayleigh 规律进行修正，建立了球形粒子的散射光强的角分布。

$$I = I_0 \frac{\pi^2 V^2}{2\lambda^4 r^2}(n_r^2 - 1)^2(1 + \cos^2\theta)P(\theta) \tag{35-1}$$

式中，$P(\theta)$ 称为散射因子，是粒子半径及散射角的函数。

$$P(\theta) = \left[\frac{3}{u^3}(\sin u - u\cos u)\right]^2 \tag{35-2}$$

$$u = \frac{4\pi\alpha}{\lambda}\sin\frac{\theta}{2} \tag{35-3}$$

式中，I_0 为入射光强；V 为球形粒子的体积；λ 为入射光波长；r 为散射中心 O 与观察点 P 的距离，$r \gg \lambda$；n_r 为相对折射率，$n_r = n_2/n_1$；θ 为散射光与入射光的夹角；α 为颗粒线度，对于球形粒子，α 为球半径。

从式（35-1）中可以看出，与小粒子散射不同的是，前向（$\theta = 0°$）与后向（$\theta = 180°$）的散射光强不再是对称的，前向散射光强大于后向散射光强。当粒子半径很小时，即为 Rayleigh 散射情况；随着 α 增大，散射光前向与后向的不对称性将愈来愈大，当 $2\pi\alpha/\lambda = 2.25$ 时，$P(\theta = 180°) = 0$，即沿入射光方向上散射光强为零。根据不同散射角上光散射的强度大小，即可得到粒度的信息。

三、实验设备与材料

① 仪器：机械搅拌器，搅拌桨，恒温水浴锅，电炉，变压器，球形回流冷凝管，恒压

滴液漏斗，250mL 四口烧瓶，乳胶管，橡胶管，温度计，玻璃棒，烧杯，量筒，250mL 烧杯，滴管，电子天平，台式激光粒度分析仪。

② 试剂：乙酸乙烯酯，聚乙烯醇，OP-10（聚氧乙烯辛基苯酚醚），过硫酸铵，邻苯二甲酸二丁酯，碳酸氢钠，聚乙酸乙烯酯乳液，去离子水。

四、实验内容及步骤

（一）乙酸乙烯酯的乳液聚合

① 乙酸乙烯酯的乳液聚合装置如图 35-3 所示。在四口烧瓶中加入 80mL 去离子水、5g 聚乙烯醇和 0.5g OP-10，充分搅拌后，加入 15mL 醋酸乙烯单体，0.4g 过硫酸铵。

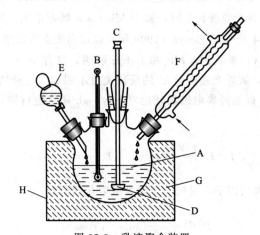

图 35-3　乳液聚合装置

A—三口瓶；B—温度计；C—搅拌马达；D—搅拌器；
E—滴液漏斗；F—回流冷凝管；G—加热水浴；H—玻璃缸

② 开动搅拌器，将单体、乳化剂、引发剂和水混合均匀，逐步升温至 74℃，调整搅拌速度，使液面平稳不飞溅，明显出现回流。

③ 待温度升至 75～80℃（升温速度以不产生泡沫为宜），且回流减少时，控制在此温度下，开始滴加 40mL 单体，滴加速度不宜过快，控制在 2.0～2.5h 滴完。

④ 滴完后再加入 2mL 引发剂，然后继续滴加剩下的 15mL 单体（控制在 45min～1h 左右滴完）。

⑤ 投料完毕后，再加剩下的 2mL 引发剂，温度在 78～82℃搅拌 0.5h。

⑥ 反应至无单体回流为止，冷却至 50℃；加入质量分数为 5% 的碳酸氢钠水溶液和 7mL 邻苯二甲酸二丁酯增塑剂搅拌均匀，调整溶液 pH 值（边滴加边测定 pH 值）为 5～6，得到白色乳液。

⑦ 测定固含量：观察乳液外观，取 3g 乳液（精确到 0.002g）置于烘至恒重的玻璃表皿上，放于 95℃烘箱中烘至恒重（约 4h），计算固含量。

$$\text{固含量} = \frac{\text{干燥后样品重}}{\text{干燥前样品重}} \times 100\%$$

⑧ 转化率 $= \dfrac{\text{固含量} \times \text{产品量} - \text{聚乙烯醇量} - \text{OP-10量} - \text{邻苯二甲酸二丁酯量}}{\text{单体量}} \times 100\%$

注意事项：

① 按要求严格控制滴加速度，如果开始阶段滴加过快，乳液中会出现块状物，使实验失败。

② 升温要慢，过快易结块，反应温度保持在 75～80℃。

③ 升温时，要注意观察聚合装置中回流情况，若回流较大，应暂停升温或减小升温速度，否则会因温度过高，聚合控制失败，导致结块；若单体回流较小，需补加单体或补加引发剂。

④ 滴加单体速度要慢，充分搅拌。

⑤ 单体乙酸乙烯酯是一种低分子量的合成树脂，具有酸性气味，外观为无色的液体，不溶于水。沸点 71～73℃。高度易燃，应远离火种存放。使用时应避免吸入其蒸汽。

⑥ 反应结束时加入碳酸氢钠溶液中和乳液的 pH 值为 4～6，以保持乳液的稳定性。

记录及数据处理（表 35-1）：

表 35-1　数据记录与处理表

聚乙烯醇/g	
乳化剂 OP-10/g	
去离子水/mL	
过硫酸铵/g	
乙酸乙烯酯/g	
碳酸氢钠/g	
含固量/%	
转化率/%	

（二）激光光散射法测定聚合物乳胶粒的粒度

（1）测试前的准备

开启激光粒度分析仪，如图 35-4 所示，预热 10～15min，用与被测样品相匹配的分散介质清洗样品制备系统（本测试用蒸馏水作为分散介质），启动计算机并运行台式激光粒度分析仪专家系统。

取少量白乳胶于小烧杯中，加入去离子水稀释，用玻棒搅拌均匀，备用。

（2）背景测量

准备工作结束后，将分散介质（蒸馏水）充满样品

图 35-4　台式激光粒度分析仪

制备系统，进行背景测量，累计 10 次。背景测量是每次样品测试前的必备工作。

（3）样品测试

在样品池中加入适量被测样品（已经稀释的白乳胶）及分散剂（有必要时再加，本实验中一般不用分散剂），擦净样品池池边积液，放下搅拌器，选择搅拌速度；选择超声时间，启动超声器，使样品充分分散；超声停止后，按下循环按钮，进行联机测试，测试结果稳定后，保存测试结果。

（4）数据处理及打印

查看记录列表中的记录，将不符合要求的记录删除，如需生成平均结果，以多选的方式选中参加平均的记录，单击电脑软件"分析"菜单中的"平均"，系统询问是否生成一条新记录，选择"是"即可生成平均结果。接下来可按软件操作说明打印所需结果。

（5）清洗样品池

样品测试后必须立刻清洗样品池与样品窗及全部制样系统，以免颗粒黏附样品窗及管道系统，影响以后的测试结果。样品池清洗介质为去离子水及乙醇，清洗方法参见仪器说明书，操作步骤为一般样品的完整测试流程。

五、思考题

① 乳液聚合有何特点？其聚合历程如何？

② 乳液聚合时，为什么要控制乳液的 pH 值？如何控制？

③ 聚乙烯醇在反应中起什么作用？为什么与乳化剂 OP-10 混合使用？

④ 乳化剂有哪些类型？各有什么结构特点？乳化剂浓度对乳胶粒大小及聚合物分子量有何影响？

⑤ 要保持乳液体系的稳定，应采取什么措施？

陶瓷粉体制备实验

一、实验目的

① 学习沉淀法制备氧化铝陶瓷粉体的流程与要点；

② 了解喷雾造粒制备微粉的方法；

③ 掌握粉体流动性和松装密度的测定方法。

二、实验原理与方法

陶瓷材料是工程材料中刚度最好、硬度最高、耐磨性最好的材料，但塑性和韧性很差，同时熔点很高，因此需要以粉体作为原料，经成型和烧结后得到陶瓷产品。

陶瓷粉体作为陶瓷产品的原料，其质量的好坏直接影响最终成品的质量。陶瓷产品对粉体的基本要求是纯度高、粒径小且组分均匀，其平均粒径一般小于 $1\mu m$。陶瓷粉体的制备方法大致可分为粉碎法和合成法。粉碎法即机械粉碎法，获得的粉体粒径难以达到 $1\mu m$ 以下，并且在粉碎过程中容易引入杂质。超细陶瓷粉体主要来源于合成法，其又可分为气相法、液相法和固相法，其中以液相法最为常见。

液相法又被称为湿化学法，具有设备简单、工业化生产成本低的优点，制得的粉体纯度高，颗粒形状和粒度易于控制并且均匀，化学成分较为精确，也易于添加微量成分，目前已得到广泛的应用。缺点是工艺流程长，并且环境污染较严重。

沉淀法是一种常用的液相合成陶瓷粉体的方法，它利用金属盐或碱的溶解度，通过调节其溶液的酸碱度、温度和溶剂等生成不溶性氢氧化物、碳酸盐、硫酸盐、草酸盐等，再进行过滤、洗涤和热分解，得到陶瓷氧化物粉末。沉淀法操作简单易行，对设备、技术要求不高，成本较低，过程中不易引入杂质，获得的粉体纯度很高，有良好的化学计量性，但洗涤原溶液中的阴离子有较大难度。以氧化铝粉体为例，其沉淀法的反应原理如下。

$$2Al^{3+} + 6OH^- \longrightarrow 2Al(OH)_3 \downarrow$$

$$2Al(OH)_3 \xrightarrow{\triangle} Al_2O_3 + 3H_2O \uparrow$$

对于后续的陶瓷成型而言，特别是使用最为广泛的干法成型，陶瓷粉体的流动性非常重要。如果粉体流动性较差，则不能很好地填充模具，会影响成型后坯体的致密度和均匀性，进而影响最终的烧结体的质量。粉体的球形度越高，流动性越好，因此对粉体进行造粒是必要环节。喷雾造粒法是目前工业化生产中使用最为广泛的一种造粒方法。它将粉体原料与添加剂配置成的浆料喷入造粒塔中雾化成液滴，液滴与塔中的热气接触，溶剂蒸发，形成球形的干燥颗粒，然后进行收集。

图 36-1　霍尔流速计

粉体流动性是粉体的一种工艺性能，测定并改善陶瓷粉体的流动性，对其生产工艺、输送、储存、装填等均具有重要意义。陶瓷粉体流动性的测试可参照 ISO 14629：2012（E）来进行，使用标准流速漏斗，测定 50g 粉末从中流出所需的时间，单位为 s/50g。其数值愈小说明该粉末的流动性愈好。测定粉末流动性的仪器称为粉末流动仪，也叫霍尔流速计，由漏斗、底座和接粉器等部件组成，如图 36-1 所示。

在粉体压制成型过程中，常采用容量装粉法。要保证压坯的密度和质量的重现性，每次装填的粉料应有相同的质量，通常用松装密度或振实密度来描述粉体的这种容积性质。松装密度是指规定条件下自然充填容器时的粉末密度（GB/T 1479.1—2011、GB/T 1479.2—2011），它取决于颗粒间的黏附力、相对滑动的阻力和粉体空隙被填充的程度。振实密度是指在规定条件下粉末在容器中被振实后的密度（GB/T 5162—2021）。

三、实验设备与材料

① 霍尔流速计、马弗炉、球磨机、喷雾干燥机、pH 计、烘箱、真空泵；

② 磁力搅拌器、烧杯、量筒、容量瓶、滴定管、布氏漏斗、瓷方舟、秒表、电子天平、药匙、称量纸；

③ 氯化铝、碳酸氢铵、聚乙烯醇、氨水、无水乙醇、去离子水。

四、实验步骤

实验流程如图 36-2 所示。

① 室温下称取适量的氯化铝和碳酸氢铵，用去离子水分别配置成 1.5mol/L 和 6.75mol/L 的溶液；

② 将氯化铝溶液缓缓加入碳酸氢铵溶液中，并不断搅拌，同时用

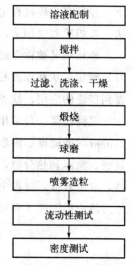

图 36-2　实验流程

溶液配制

搅拌

过滤、洗涤、干燥

煅烧

球磨

喷雾造粒

流动性测试

密度测试

氨水将 pH 值调节至 7.5 左右；

③ 反应 60min 后，将反应得到的沉淀物抽滤后用无水乙醇洗涤，然后用烘箱干燥；

④ 将烘干后得到的 $NH_4AlO(OH)HCO_3$ 放入马弗炉中，在 1200℃下煅烧 1h；

⑤ 在煅烧后的粉末中加入 0.5%（质量分数）的聚乙烯醇和适量去离子水，经球磨机球磨后，制得固含量为 50%的稳定的悬浮液料浆；

⑥ 将悬浮液料浆用蠕动泵打入喷雾干燥机中，在设定的进出口温度下进行喷雾造粒；

⑦ 称取 50g 喷雾造粒后的氧化铝粉体，在无振动条件下，用秒表测定 50g 粉体通过霍尔流速计的时间即为该粉体的流动性；

⑧ 测量粉体的松装密度，即在无振动条件下通过霍尔流速计的漏斗，落入距其 25mm 高的容器内的无振实密度。

五、实验结果与处理

样品号	1	2	3	4	5	6	7	8	9	10	平均值
流动性/(s/50g)											
松装密度/(g·cm^{-3})											

六、思考题

① 沉淀法制备陶瓷粉体的影响因素有哪些？

② 喷雾造粒过程中的哪些因素会影响造粒后陶瓷粉料的粒径大小和分散性？

③ 粉体流动性的决定因素有哪些？

陶瓷材料干法成型

一、实验目的

① 了解陶瓷材料的干压成型和冷等静压成型的流程与要点；
② 通过实验优化干压成型和冷等静压成型的条件。

二、实验原理与方法

陶瓷材料的干法成型是通过外力将松散粉末原料制成具有一定尺寸和强度的坯体或制品。最常见的干法成型工艺是干压成型，常规方法包括单向加压、双向加压、四向加压等，其中单向加压最为常见。

干压成型的原理是将经过造粒、流动性好、颗粒级配合适的粉料（通常含有 5%～8% 的水分）装入金属模具中，通过压头施加压力，使得坯料内孔隙中的气体部分排出，颗粒发生位移并逐步靠拢，互相紧密咬合，最终形成截面与模具截面相同、上下两面形状由模具上下压头决定的陶瓷坯体，如图 37-1 所示。成型坯体内孔隙尺寸显著变小，孔隙数量大大减少，密度显著提高，并具有了一定的强度。其工艺流程包括喂料、加压成型、脱模、出坯、清理模具。

干压成型的优点是生产效率高、人工少、废品率低、生产周期短，并且生产的制品密度大、强度高，适合大批量工业化生产；缺点是成型产品的形状有较大限制，主要用于生产截面厚度较小的陶瓷产品，而且模具造价高，坯体强度低，坯体内部致密性不一致，组织结构的均匀性相对较差。

冷等静压法是一种新兴的陶瓷干法成型工艺，它是利用液体介质（水或油）的不可压缩性和均匀传递压力性，使得粉料的各个方向同时获得均匀静压力进而得以成型的一种技术。按其成型过程不同，可分为湿袋式和干袋式两种，其中湿袋式更为常见。

湿袋式冷等静压技术是将造粒后的陶瓷粉或预先成型的坯体放入可变形的橡胶包套内，如图 37-2 所示，经密封后置于高压缸中，使包套完全浸入液体，与压力传递介质直接接触，然后通过液体对其施加各向均匀的压力，压制过程结束后，再将装有坯体的橡胶包套从高压缸中取出。这是一种间断式成型方法。

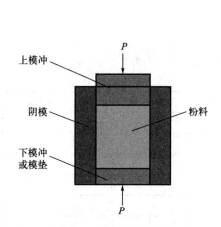

图 37-1　干压成型示意

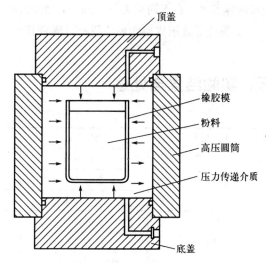

图 37-2　湿袋式冷等静压成型示意

　　这种技术压力可达 500MPa，制得的压坯密度高且分布均匀，缺陷少，压坯强度高，相对成本较低，可压制细长件或凹形及其他中等复杂程度的部件，适用于实验研究和小规模生产，但在一定时间内成型制品的数量较少，压坯尺寸和形状难以精准控制，生产效率不高，不能进行连续大规模生产。

三、实验设备与材料

　　① 冷等静压机、橡胶模具、金属模具；
　　② 电子天平、压片机；
　　③ 喷雾造粒后的氧化铝陶瓷粉料、油酸溶液、丙酮。

四、实验步骤

　　实验流程如图 37-3 所示。
　　① 将金属模具内壁用丙酮清洁后，再均匀涂抹一层油酸薄层；
　　② 向直径为 1cm 的金属模具中装入 1g 氧化铝陶瓷粉料；
　　③ 将装好粉料的金属模具放置在压片机承载台上，施加 1T 压力，保压 1min 后脱模，清洁模具内壁并涂油酸；
　　④ 重复上述步骤，制备不同压力（分别为 2T、3T、4T）下成型的样品，测量它们的尺寸和密度，绘制密度-压力曲线，选取最优的成型压力值；

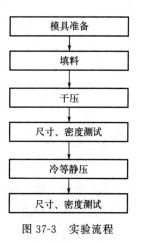

图 37-3　实验流程

第二篇　材料制备与成型综合实验

⑤ 使用最优成型压力制备多个干压成型的坯体，用橡胶包套包封后，置于冷等静压机的高压容器中，在不同压力（150MPa、200MPa、250MPa）下冷等静压成型；

⑥ 将冷等静压成型的坯体脱模，测量其尺寸和密度，并绘制密度-压力曲线。

五、实验结果与处理

干压压力	测量项目	1	2	3	4	5	平均值
1T	直径/mm						
	厚度/mm						
	密度/(g·cm^{-3})						
2T	直径/mm						
	厚度/mm						
	密度/(g·cm^{-3})						
3T	直径/mm						
	厚度/mm						
	密度/(g·cm^{-3})						
4T	直径/mm						
	厚度/mm						
	密度/(g·cm^{-3})						

冷等静压压力	测量项目	1	2	3	4	5	平均值
150MPa	直径/mm						
	厚度/mm						
	密度/(g·cm^{-3})						
200MPa	直径/mm						
	厚度/mm						
	密度/(g·cm^{-3})						
250MPa	直径/mm						
	厚度/mm						
	密度/(g·cm^{-3})						

六、思考题

① 影响干压成型的因素有哪些？

② 干压成型的压力是否越大越好？为什么？

③ 冷等静压成型与干压成型相比，其优缺点分别是什么？

陶瓷材料注浆成型

一、实验目的

　　① 学习陶瓷注浆成型的流程与要点；
　　② 了解陶瓷料浆的性能测试方法。

二、实验原理与方法

　　与陶瓷干法成型不同，陶瓷的湿法成型是以水或有机溶剂为介质将陶瓷粉料分散其中，通过添加分散剂，形成均匀稳定的悬浮体系，再将液体通过某种途径排出，使颗粒固化，最后得到成型的素坯。通过湿法成型的坯体密度高、气孔小且尺寸分布窄，因此在工业中得到了广泛的应用。常见的湿法成型技术包括注浆成型、注射成型、流延成型、凝胶铸成型、直接凝固注模成型等，其中注浆成型应用最为广泛。

　　注浆成型的基本原理是将具有较高固含量和良好流动性的陶瓷料浆浇注到多孔模具（通常用石膏磨具）中，借助模具多孔性所带来的毛细管吸力，模具内壁从浆料中吸取水分，从而沿模壁形成具有一定厚度的均匀层，待坯体形成一定的强度即可脱模。注浆的过程又可具体分为三个阶段，如图 38-1 所示。

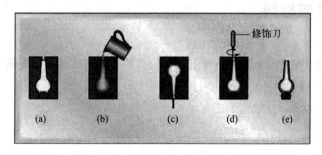

　　　　　　　　　　　　　图 38-1　注浆成型示意

　　第一阶段，料浆注入石膏模后，在石膏模毛细管力的作用下，模壁开始吸水，使靠近模壁的料浆中的水、溶于水的溶质及小于微米级的粉料颗粒被吸入石膏模的毛细管中，随着水分被吸走，料浆中的颗粒互相靠近，形成最初的薄壁层。

第二阶段，石膏模借助毛细管力继续吸水，薄壁层继续脱水，同时，料浆内水分通过薄壁层被吸入石膏模的毛细孔中，其扩散动力为水分的浓度差和压力差。此时薄壁层就像滤网，随着薄壁层逐渐增厚，水分扩散的阻力也逐渐增大。当层厚达到所要求的注件厚度时，将剩余的料浆倒出，形成了雏坯。

第三阶段，由于石膏模继续吸水、雏坯表面水分开始蒸发，雏坯逐渐收缩，脱离模具形成生坯，当坯体具有一定强度后即可脱模，得到成型的素坯。

注浆成型的主要优点是成型工艺控制方便，产品致密度高且均匀性好，采用廉价的石膏模具，设备简单、成本低，适合于复杂形状的陶瓷零部件及大尺寸陶瓷制品的制造。缺点是劳动强度大，操作工序多，生产效率低，生产周期长，石膏模占用场地面积大，不适合连续化、自动化、机械化生产。注浆成型已被应用在传统陶瓷工业、现代精密陶瓷和结构陶瓷产品等领域。

料浆的稳定性对于注浆成型非常重要。Zeta 电位是颗粒之间相互排斥或吸引的力的强度的量度，是表征料浆中颗粒分散稳定性的重要指标。Zeta 电位的绝对值越高，体系越稳定，即溶解或分散可以抵抗聚集。反之，Zeta 电位越低，越倾向于凝结或凝聚，即吸引力超过了排斥力，分散被破坏而发生凝结或团聚。目前测量 Zeta 电位的方法主要有电泳法、电渗法、流动电位法以及超声波法，其中以电泳法应用最广。

料浆的流变性也对注浆产品的质量有较大影响。流变性包括流动性和触变性。流动性适宜，才能保证素坯的质量。流动性差，料浆流入模具内会造成坯体厚薄不均和浆面不平整，并且在排浆时不能排净，给成型带来困难。流动性过高，则会导致坯体干燥收缩不均匀，易变形开裂。料浆的流动性可以通过相对黏度来体现。流动度（V）与相对黏度（η）的关系为：

$$V = 1/\eta$$

料浆还需具有合适的触变性。若触变性太强，会导致排浆性不好，漏浆不平，坯体会出现溏软，不能保持形状，还会在模具的狭窄部位存浆干裂，给操作带来困难。

三、实验设备与材料

① Zeta 电位仪、黏度计、电子天平、机械搅拌器、石膏模具、干燥箱；
② 烧杯、量筒、药匙；
③ 氧化铝陶瓷粉料、分散剂、去离子水。

四、实验步骤

实验流程如图 38-2 所示。

① 用量筒和电子天平分别量/称取适量的去离子水、分散剂和氧化铝陶瓷粉末，配制分散剂含量1%（质量分数，下同）、固含量分别为60%、70%和80%的三种陶瓷料浆；

② 配制料浆的操作步骤为：首先将称量好的分散剂加入盛放了适量去离子水的烧杯中，用机械搅拌器搅拌10min，得到分散均匀的溶液；然后将称量好的氧化铝粉末缓慢地加入上述溶液中，加入过程中保持机械搅拌，得到均匀的陶瓷料浆；

③ 用Zeta电位仪测试三种料浆的Zeta电位；

④ 用黏度计测试三种料浆的黏度；

⑤ 将料浆注入石膏模具中，静置2min后排浆，再静置20min后脱模，比较三种料浆制得的坯体的外型与壁厚。

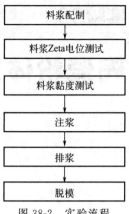

图38-2　实验流程

五、实验结果与处理

料浆固含量/%	60	70	80
Zeta电位/mV			
黏度/(mPa·s)			
壁厚/mm			

六、思考题

① 陶瓷注浆成型完整的工艺流程是什么？

② 在生产中一般要求注浆成型的时间尽可能短些，影响注浆成型成坯时间长短的因素有哪些？

実験39

陶瓷粉体烧结实验

一、实验目的

① 学习陶瓷烧结的原理；
② 了解影响陶瓷烧结的因素；
③ 掌握陶瓷线收缩率、体积密度、吸水率和气孔率的测定方法。

二、实验原理与方法

陶瓷烧结是陶瓷坯体在高温下致密化过程和现象的总称。陶瓷粉体通过干压成型或者注浆成型后形成的坯体致密度较低，颗粒之间主要靠机械咬合或塑化剂黏合而结合在一起，这种相互作用力较弱，且坯体内还有大量的孔隙，因此坯体的强度较低。烧结是将坯体加热到较高的温度，在降低表面能这一推动力下，坯体中的粉粒不断进行物质迁移，晶界随之移动，气孔逐步缩小，产生收缩，使坯体成为具有一定强度的致密的瓷体。

烧结工艺过程按温度可分为三个阶段，即升温、保温和降温阶段。在升温阶段，坯体中的水分会挥发排出，有机添加剂（分散剂、黏合剂等）会分解氧化，同时，该阶段也会有一定的晶粒重排和长大等微观现象。保温阶段即升到烧结温度后保持一定时间的过程。这一阶段又可进一步分为前期和后期。前期，物质会通过不同的扩散途径向颗粒间的颈部和气孔部位填充，使颈部逐渐增大，颗粒间接触面扩大，气孔缩小，致密化程度提高，孤立的气孔分布于晶界处，坯体的密度一般能超过理论密度的 90%。后期，随着晶界上的物质继续向气孔扩散填充，致密化程度继续提高，晶粒继续均匀长大，气孔随晶界一起移动，直到获得致密的陶瓷材料。降温，即冷却阶段，陶瓷从烧结温度降到室温，过程中伴随着液相凝固、析晶、相变等物理、化学变化。

陶瓷坯体经烧结后会发生明显的体积变化，即尺寸会有较大程度的收缩。同样尺寸的坯体，在变形量很小的前提下，收缩率越大，表明烧结得越致密。收缩率分为体积收缩率和线收缩率，其中线收缩率因测量简便、准确度高而更为常用。

烧结后的陶瓷内部和表面或多或少均存在气孔，这些气孔对材料的性能影响较大。

烧结后陶瓷的品质如何、有多少气孔，可以通过其体积密度、气孔率和吸水率进行判断。

材料的密度是材料最基本的属性之一，它的测定基于阿基米德原理。根据该原理，浸在液体中的物体会受到液体静压力即浮力的作用，浮力大小等于该物体排开液体的重量。工程测量中会忽略空气浮力的影响，则用排水法测定物体密度的公式为：

$$D = \frac{m_1 D_L}{m_1 - m_2}$$
(39-1)

式中，D 为测定物体密度，$g \cdot cm^{-3}$；m_1 为物体在空气中测得的质量，g；m_2 为物体在液体中测得的质量，g；D_L 为液体密度，$g \cdot cm^{-3}$。

材料的气孔率和吸水率均与密度直接相关。气孔率是指材料中气孔体积与材料总体积之比，用百分率表示。气孔率越大，密度越小，对于陶瓷材料来说，表明其烧结后的致密度不高。材料的气孔有封闭在内部的气孔，也有与大气相同的气孔，因此气孔率又分为封闭气孔率、开口气孔率和真气孔率。封闭气孔率就是材料中所有封闭在内的气孔体积与材料总体积之比。开口气孔率，也被称为显气孔率，是指材料中所有开口气孔体积与材料总体积之比。真气孔率也称总气孔率，是材料的封闭气孔率与开口气孔率之和，其计算公式为：

$$总气孔率 = \frac{理论密度 - 实际密度}{理论密度} \times 100\%$$
(39-2)

吸水率即试样孔隙在一定温度和时间内吸收水的重量与试样经110℃干燥之后的重量之比，用百分率表示。吸水率也可反映材料的开口气孔率。

三、实验设备与材料

① 马弗炉、承烧板、烘箱、游标卡尺、液体静力天平、烧杯、镊子；
② 干压成型或注浆成型得到的圆片状氧化铝陶瓷坯体、去离子水。

四、实验步骤

实验流程如图 39-1 所示。
① 用游标卡尺测量坯体试样的直径与高度；
② 将坯体样品置于承烧板上且样品之间无接触，再将承烧板放入马弗炉的炉腔正中，关好炉门；
③ 设置马弗炉的控温程序，以 1℃/min 的升温速率升至700℃之后，再以 5℃/min 的升温速率升至烧结温度，保温 2h 后自然降温；
④ 待烧结束，样品冷却，用游标卡尺测量烧结体的直径和高度，

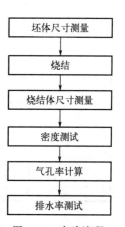

图 39-1 实验流程

计算其线收缩率；

⑤ 使用液体静力天平，称量干燥的样品质量和浸在去离子水中的样品质量，计算样品的体积密度；

⑥ 使用体积密度计算样品的总气孔率；

⑦ 称量饱吸去离子水的样品在空气中的质量，计算样品的吸水率；

⑧ 改变烧结温度，重复上述步骤，比较不同烧结温度（1400℃、1500℃、1600℃）下得到的样品的线收缩率、体积密度、总气孔率和吸水率。

五、实验结果与处理

烧结温度	项目	1	2	3	4	5	平均值
1400℃	坯体直径/mm						
	坯体密度/(g·cm^{-3})						
	烧结体直径/mm						
	烧结体密度/(g·cm^{-3})						
	线收缩率/%						
	总气孔率/%						
	吸水率/%						
1500℃	坯体直径/mm						
	坯体密度/(g·cm^{-3})						
	烧结体直径/mm						
	烧结体密度/(g·cm^{-3})						
	线收缩率/%						
	总气孔率/%						
	吸水率/%						
1600℃	坯体直径/mm						
	坯体密度/(g·cm^{-3})						
	烧结体直径/mm						
	烧结体密度/(g·cm^{-3})						
	线收缩率/%						
	总气孔率/%						
	吸水率/%						

六、思考题

① 影响陶瓷烧结的因素有哪些？

② 根据实际观察和相关测试结果进行分析，干压成型和注浆成型得到的坯体烧结后有什么不同？

陶瓷材料力学性能测试

一、实验目的

① 了解影响陶瓷材料力学性能的因素；
② 掌握陶瓷材料力学性能的测试方法。

二、实验原理与方法

材料的力学性能指材料在不同环境（温度、介质、湿度）下，承受各种外加载荷（拉伸、压缩、弯曲、扭转、冲击、交变应力等）时所表现出的力学特征，具体种类包括强度、弹性模量、塑性、韧性、延展性、硬度、疲劳性等。由于陶瓷材料是一种脆性材料，发生弹性变形后立即产生脆性断裂，难以发生塑性变形，所以对陶瓷材料力学性能的分析主要集中在抗弯强度、硬度和断裂韧性上。

弯曲强度是指材料在弯曲负荷作用下破裂或达到规定弯矩时能承受的最大应力，单位为兆帕（MPa）。它反映了材料抗弯曲的能力，用来衡量材料的弯曲性能。横力弯曲时，弯矩 M 随截面位置变化，一般情况下，最大正应力 σ_{max} 发生于弯矩最大的截面上，且离中性轴最远处。因此，最大正应力不仅与弯矩 M 有关，还与截面形状和尺寸有关。最大正应力计算公式为：

$$\sigma_{max} = \frac{M_{max}}{W} \tag{40-1}$$

式中，M_{max} 为最大弯矩；W 为抗弯截面系数。抗弯强度是陶瓷材料的重要力学性能之一，通过测定抗弯强度，可以直观地了解陶瓷制品的强度。

抗弯强度的测试方法有三点弯曲和四点弯曲两种，如图 40-1 和图 40-2 所示。可以看出，二者加载应力的方式不同，得到的抗弯强度也不同。三点弯曲加载应力的方式简单，试样上方只有一个应力加载点，但由于加载方式集中，弯曲分布不均匀，所以得到的结果是近似值。四点弯曲的试样上方有两个对称的应力加载点，因此试样在中部受到的是分布均匀的纯弯曲作用力，弯曲应力计算公式也建立于此种方式，因此四点弯曲法得到的测试结果较为精确，但其压夹结构复杂，在工程应用中使用较少。

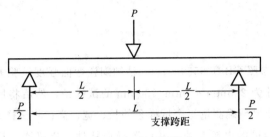

图 40-1　三点弯曲示意

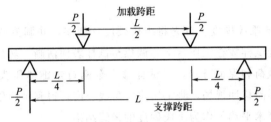

图 40-2　四点弯曲示意

用于陶瓷材料硬度测试的方法有维氏硬度法和莫氏硬度法，其中维氏硬度法更为常见。

对于脆性材料来说，应力集中是导致其断裂的主要原因之一，断裂韧性是反映脆性材料抵抗应力集中而发生断裂的指标。最常见的用于测量陶瓷材料断裂韧性的方法是借助维氏硬度法来进行的压痕法。

陶瓷材料在断裂前几乎不产生塑性变形，当外界应力达到断裂应力时就会产生裂纹。用维氏硬度计的压头压入陶瓷材料中，在足够大的外力下，压痕的对角线方向上就会产生裂纹，如图 40-3 所示。裂纹的扩展长度与陶瓷材料的断裂韧性存在一定的关系，因此可通过测量裂纹长度来测定陶瓷的断裂韧性，计算公式为：

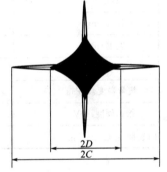

图 40-3　维氏硬度压痕裂纹扩展

$$K_{IC} = 0.004985 \left(\frac{E}{HV} \right)^{\frac{1}{2}} \left(\frac{P}{C^{\frac{3}{2}}} \right) \qquad (40-2)$$

其中，K_{IC} 为断裂韧性，MPa·m$^{1/2}$；E 为杨氏模量，对于氧化铝一般取 360GPa；P 为载荷，N；C 为裂纹长度，mm；HV 为维氏硬度。这种方法快速、简单，可用于非常小的试样。

三、实验设备与材料

① 万能材料试验机，维氏硬度计，切片机，抛光机，烘箱，游标卡尺；
② 氧化锆陶瓷试样。

四、实验步骤

① 四点弯曲测试参照 GB/T 6569—2006 精细陶瓷弯曲强度试验方法进行。首先将陶瓷试样用切片机切成尺寸为 2.5mm×2mm×30mm 的试样条，然后将所有表面进行抛光、清洗、烘干，并用游标卡尺精确测量每个试样条的长、宽、高；将试样条固定在四点弯曲夹具上，打开万能材料试验机的电源开关，并设置操作软件，让仪器自动进行测试，测试结束后，根据记录结果计算试样条的抗弯强度，以 5 个试样条的平均值作为抗弯强度的最终结果。

② 测试陶瓷试样的维氏硬度。首先将维氏硬度计调零，并调节照明，然后将表面抛光并清洁、烘干后的陶瓷试样放在工作台上，调焦至试样表面清晰，然后在视场中找出需测试的部分，选择好欲加载荷和保荷时间，将试样移至金刚石角锥体压头下，按下开关启动测试；测试结束后，将样品移回视场，测定压痕对角线长度，得到维氏硬度值；对同一样品重复多次上述步骤，取算术平均值作为维氏硬度的最终结果。

③ 测量压痕顶点的裂纹长度，取算术平均值，代入式（40-2），计算试样的断裂韧性。

五、实验结果与处理

样品号	1	2	3	4	5	6	7	8	9	10	平均值
长度/mm											
宽度/mm											
高度/mm											
抗弯强度/MPa											
维氏硬度/HV											
断裂韧性/$(MPa \cdot m^{1/2})$											

六、思考题

① 影响陶瓷抗弯强度的因素有哪些？
② 氧化铝陶瓷可以通过什么方式增强韧性？请列举两种并进行详细的原理阐述。

纳米粉体合成及其光催化性能测试

一、实验目的

① 学习溶胶-凝胶法的原理及其在纳米材料合成中的应用；

② 掌握光催化性能测试方法并理解光催化原理。

二、实验原理

纳米材料是指其结构单元的尺寸介于 $1\sim100$nm 之间的材料。纳米颗粒因其高比表面积和高表面活性而成为催化剂的热门材料。纳米光催化是目前已获成功的纳米材料应用之一。该技术中，附着在有效介质上的纳米颗粒经过特定光源的照射，与周围的水、空气中的氧发生作用后产生具有极强的氧化还原能力的"电子-空穴"对，这种"电子-空穴"对能在室温下将空气或水中的有机污染物和部分无机污染物予以光解消除，将其直接分解成无害、无味的物质，并能破坏细菌的细胞壁，杀灭细菌，从而达到对污水、废气的处理和杀菌的目的。

纳米 TiO_2 是一种最为典型的纳米光催化剂。TiO_2 是一种宽带隙半导体，能够吸收紫外光，在水溶液中，可以与水以及水中的溶解氧反应，产生活性物质，具有很强的氧化还原性，能够分解有机污染物。以显色指示剂甲基橙为例，纳米 TiO_2 具有较大的比表面积，在紫外灯的照射下能够很快降解甲基橙分子，使其快速脱色。

纳米 TiO_2 的合成方法很多，如气相水解法、气相热解法、液相水解法、溶胶-凝胶法、沉淀法、水热法、微乳液法等。本实验将学习溶胶-凝胶法合成纳米 TiO_2 粉体。该方法多以钛醇盐为前驱体，在有机介质中进行水解、缩合反应，溶液经溶胶-凝胶过程得到凝胶，加热干燥得到纳米 TiO_2。钛醇盐在乙醇中的水解反应是分步进行的，以钛酸四丁酯为例，其反应过程如下。

$$Ti(OC_4H_9)_4 + H_2O \longrightarrow Ti(OH)(OC_4H_9)_3 + C_4H_9OH$$

$$Ti(OH)(OC_4H_9)_3 + H_2O \longrightarrow Ti(OH)_2(OC_4H_9)_2 + C_4H_9OH$$

最终的产物为 $Ti(OH)_4$。在这个过程中，通过控制 pH 值可以控制水解速率。在水解的同时，$Ti(OH)_4$ 会进一步发生缩聚反应：

$$—Ti—OH + HO—Ti— \longrightarrow —Ti—O—Ti— + H_2O$$

形成溶胶，通过加热蒸发溶剂进一步生成凝胶，陈化干燥后可得无定形结构 TiO_2，之后高温煅烧形成晶态结构。

三、实验设备与材料

① 光催化评价装置、烧杯、磁力搅拌器、电子天平、马弗炉、超声波清洗机、烘箱、pH 计、水浴锅、量筒、药匙、滴管；

② 钛酸四丁酯、无水乙醇、冰醋酸、盐酸、亚甲基蓝、去离子水。

四、实验步骤

① 室温下取 10mL 钛酸四丁酯，缓慢加入 35mL 无水乙醇中，用磁力搅拌器强力搅拌 10min 使其混合均匀，形成黄色澄清溶液 A；

② 4mL 冰醋酸和 10mL 去离子水加到另 35mL 无水乙醇中，剧烈搅拌，得到溶液 B，加入 1~2 滴盐酸，调节 pH 使 pH<3；

③ 室温下，在剧烈搅拌下将溶液 A 逐滴加入溶液 B 中，得到浅黄色溶液，搅拌 0.5h 后，在 40℃水浴中继续加热 2h，得到淡黄色凝胶（倾斜烧杯凝胶不流动）；

④ 将得到的凝胶在 80℃下烘干，研磨成粉末后在 400℃下煅烧 2h，得到二氧化钛粉体；

⑤ 称取 50mg 纳米二氧化钛，放入光催化评价装置的玻璃反应管中，加入 20mL 10mg/L 的亚甲基蓝溶液，在暗处超声分散均匀，并通氮气 30min，随后打开紫外灯，于反应 20min、40min、60min 时分别取出 5mL 溶液，于暗处保存；

⑥ 反应结束后，将不同反应时间时取出的溶液离心，取上清液测量其紫外-可见吸收光谱，根据反应前后吸光度的变化获得降解率。

五、实验结果与处理

根据实验结果进行分析。

六、思考题

① 简述溶胶-凝胶原理。

② 光催化过程的现象描述及原理解释。

铯铅溴钙钛矿量子点的合成

一、实验目的

① 了解 CsPbBr₃ 钙钛矿量子点的合成原理；
② 掌握 CsPbBr₃ 钙钛矿量子点的合成方法；
③ 掌握测试 CsPbBr₃ 钙钛矿量子点基本性能的方法。

二、实验原理与方法

量子点是指由少量原子组成的半导体纳米颗粒，其尺寸一般在 2～25nm 之间，由于其独特的光电性能（如荧光性能），在太阳能电池、LED 以及光探测器等领域有着广泛应用。目前人工合成的量子点主要包括：Ⅱ-Ⅵ族量子点（CdSe、CdTe、ZnSe、ZnS、ZnTe、ZnO、HgTe、HgS 等）、Ⅳ-Ⅵ族量子点（PbSe、PbS、PbTe、Pb 族掺杂量子点、Sn 族量子点等）、Ⅲ-Ⅴ族量子点（InP、InAs、InSb、InN、GaAs、GaP 等）、钙钛矿型量子点（MAPbX₃、CsPbX₃、FAPbX₃ 等，X＝Br、I、Cl）以及各种掺杂、合金及核壳结构量子点。

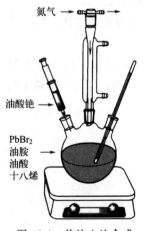
图 42-1 热注入法合成
CsPbBr₃ 量子点示意

钙钛矿量子点由于具有荧光光谱波段可调（410～700nm）、荧光发光效率高（大于 90％）、发射谱半峰宽窄（10～40nm）、荧光寿命短（小于 30ns）、结晶度高等特点而有望应用于照明、显示等领域，是新型光电材料研究领域的热门之一。本实验针对钙钛矿量子点中的典型代表 CsPbBr₃ 量子点进行研究。2014 年，来自瑞士的 Kovalenko 团队首先通过热注入法合成了胶体 CsPbBr₃ 钙钛矿量子点。之后，来自世界各地的研究者在此基础上通过改良热注入法的工艺参数，逐步简化 CsPbBr₃ 量子点的合成工艺条件及流程，提升其光电性能及稳定性，形成较为成熟的合成工艺，并且发展出一系列相关的衍生材料，如无铅钙钛矿量子点、新型结构 CsPbBr₃ 量子点以及掺杂 CsPbBr₃ 量子点等。

本实验中 CsPbBr₃ 量子点通过热注入法合成，如图 42-1 所

图中标注：氮气、油酸铯、PbBr₂ 油胺 油酸 十八烯

示。其合成过程为：首先用油胺、油酸将 $PbBr_2$ 溶于 1-十八烯中，然后在一定温度下将预合成的油酸铯前驱体注入其中，反应结束后将反应体系迅速降温，通过一系列后处理步骤获得 $CsPbBr_3$ 量子点胶体溶液。该方法使用油胺、油酸作为配体控制量子点的生长，得到尺寸约为 10nm 的立方相 $CsPbBr_3$ 量子点。

$CsPbBr_3$ 量子点作为半导体材料，其带隙约为 2.4eV，当受到能量高于其带隙的电磁波或者电场激发时成为激发态，而不稳定的激发态将转变为基态并释放能量，能量以辐射跃迁的方式释放出光子，即可发出波长约为 520nm 的绿色荧光。图 42-2 为 $CsPbBr_3$ 量子点的晶体结构及透射电镜图。

图 42-2　$CsPbBr_3$ 量子点的晶体结构及透射电镜图

三、实验设备与材料

① 合成设备：磁力加热搅拌台、油浴锅、硅油、25mL 三口烧瓶两个、冷凝管、氮气、冰块、磁力搅拌台、移液枪（100～1000μL）、电子分析天平、台式离心机。

② 测试设备：手提式紫外分析仪、紫外-可见光分光光度计、荧光分光光度计、3mL 四通光石英比色皿一对。

③ 实验材料：Cs_2CO_3（AR，99％，阿拉丁）、$PbBr_2$（AR，99％，阿拉丁）、1-十八烯（GC，≥90％，阿拉丁）、油胺（AR，80％～90％，阿拉丁）、油酸（AR，85％，阿拉丁）、乙酸甲酯（GC，≥99％，阿拉丁）、正己烷（GC，≥98％，阿拉丁）。

四、实验步骤

（一）制备前驱体油酸铯

称取 0.16g Cs_2CO_3，量取 6mL 1-十八烯、0.34mL 油酸加入 25mL 三口烧瓶中，加热至

100℃，同时向烧瓶中持续通入氮气以除去水蒸气并搅拌，保温约30min，得到澄清溶液即可降温保存，即制得油酸铯前驱体。

（二）合成 CsPbBr₃ 量子点

称取 0.138g PbBr₂，量取 10mL 1-十八烯、1mL 油胺、0.12mL 油酸加入 25mL 三口烧瓶中，加热至 160℃，同时向烧瓶中持续通入氮气并搅拌，保温至 PbBr₂ 溶解。将上一步骤中制得的油酸铯前驱体加热使其熔化，取 0.8mL 快速注入烧瓶中，溶液迅速变为黄绿色浑浊，待反应 1min 时，将烧瓶快速浸入冰水混合物中冷却，即得到 CsPbBr₃ 量子点悬浊液。此时，用手提式紫外分析仪照射该悬浊液（注意不能照射人的皮肤及眼睛，紫外线对人体皮肤有害），悬浊液发出强烈绿色荧光。

（三）CsPbBr₃ 量子点的后处理

为除去制得的量子点中存在的残留原料，需对 CsPbBr₃ 量子点悬浊液进行后处理。将反应液在 4000r/min 下离心 5min，去掉上层清液，获得沉淀物，将其溶解在 4mL 正己烷中，加入等体积的乙酸甲酯后在 8000r/min 下离心 5min，将沉淀物溶解在 4mL 正己烷中，密封避光保存。用手提式紫外分析仪照射该胶体溶液，拍摄照射前后溶液的照片。

（四）CsPbBr₃ 量子点的基本性能表征

使用紫外-可见光分光光度计测定 CsPbBr₃ 量子点胶体溶液的吸收光谱。首先，准备两只 3mL 四通光比色皿，分别加入 2mL 正己烷，依次放入紫外-可见光分光光度计的参比卡槽及待测卡槽，校正基准线。然后，向待测卡槽内的比色皿中加入 200μL 的 CsPbBr₃ 量子点正己烷溶液，即可测得 CsPbBr₃ 量子点的吸收光谱。

使用荧光分光光度计测定 CsPbBr₃ 量子点胶体溶液的荧光光谱。取 200μL CsPbBr₃ 量子点溶液及 2mL 正己烷加入 3mL 四通光比色皿并放入荧光分光光度计的测试样卡槽，首先测定该量子点溶液的激发光谱以确定最佳的激发波长，然后在最佳激发波长的激发下测定该量子点溶液的荧光光谱。

五、实验报告要求

① 实验内容及结果。
② 查阅 CsPbBr₃ 量子点的发光机理及相关应用。
③ 有兴趣的话可以使用阴离子交换法调节 CsPbBr₃ 量子点的荧光光谱，使之覆盖整个可见光范围，具体步骤为：取 ZnCl₂ 以及 ZnI₂ 溶解在乙醇中分别配置成 0.1mol/L 的 ZnCl₂/乙醇溶液和 ZnI₂/乙醇溶液，设置梯度试验，将已经制备成功的 CsPbBr₃ 量子点胶体溶液分

为若干份，依次滴入不同体积的 $ZnCl_2$/乙醇溶液或者 ZnI_2/乙醇溶液，加热并搅拌以加快阴离子交换过程，用手提式紫外分析仪照射样品，可以观察到加入过量 $ZnCl_2$/乙醇溶液的 $CsPbBr_3$ 量子点溶液发射蓝光，而加入过量 ZnI_2/乙醇溶液的 $CsPbBr_3$ 量子点溶液发射红光。图 42-3 为 $CsPbX_3$（X＝Br、I、Cl）量子点胶体溶液紫外灯下的照片及荧光光谱图。

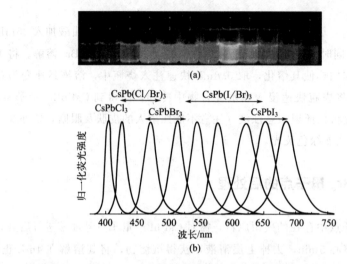

图 42-3　$CsPbX_3$（X＝Br、I、Cl）量子点胶体溶液紫外灯下的照片（a）及荧光光谱图（b）

第三篇

设计性实验

形状记忆合金的性能与形状记忆效应的训练

一、实验目的

① 了解 NiTi 合金的超弹性和形状记忆效应；

② 掌握测试形状记忆性能的方法；

③ 掌握形状记忆效应的训练方法。

二、实验原理与方法

一般的金属材料在外力作用下首先发生弹性变形，此时去除外力，就会恢复原来的形状，如果外力继续增大，就会产生永久性的塑性变形，此时即使去除外力，也不会回到原来的形状。但是形状记忆合金（shape memory alloy，SMA）在发生了塑性变形后，加热到一定温度，还可以恢复原状。形状记忆合金之所以具有变形恢复能力，是因为变形过程中材料内部发生的热弹性马氏体相变。形状记忆合金中具有两种相：高温相奥氏体相，低温相马氏体相。这种马氏体一旦形成，就会随着温度下降而继续生长，如果温度上升它又会变小，以完全相反的过程消失。两相的自由能之差为相变驱动力。两相自由能相等的温度 T_0 称为平衡温度。只有当温度低于平衡温度 T_0 时才会产生马氏体相变，反之，只有当温度高于平衡温度 T_0 时才会发生逆相变。

在 SMA 中，马氏体相变不仅由温度引起，也可以由应力引起，这种由应力引起的马氏体相变叫作应力诱发马氏体相变，且相变温度同应力成线性关系。

图 43-1 是相变引起的超弹性应力-应变曲线，在应力作用下首先发生奥氏体的弹性变形，应力继续增加，在 B 点以后发生应力，诱发马氏体相变，此时应力增加缓慢，B 点所对应的应力称为应力诱发马氏体临界应力 S_{P-M}，BC 之间的应变 e_{P-M} 为应力诱发马氏体所产生的应变。B 点应力增加到 C 点以后，马氏体开始弹性变形，在 C' 点之前去除应力，马氏体弹性回复，在 F 点发生马氏体到奥氏体的逆相变，当应力减小到零，应变在 H 点。一般把这种能自动回复的表观塑性应变称为伪弹性应变。如果 H 点和 A 点重合，说明应变完全

回复，称为超弹性应变。

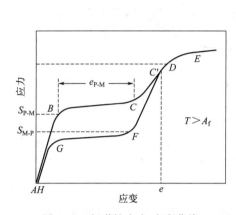

图 43-1　超弹性应力-应变曲线

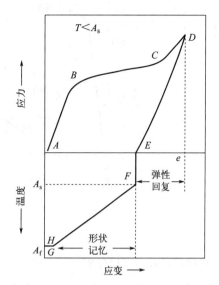

图 43-2　伪弹性与形状记忆效应示意

　　图 43-2 为形状记忆合金的典型应力-应变曲线。样品变形时，A 点到 B 点为弹性变形，B 点到 D 点为应力诱发马氏体或已存在马氏体（热弹性马氏体）的再取向，在 D 点形成总应变 e，在 D 点去除应力，部分应变先发生弹性回复，曲线到 E 点，剩余部分的应变 AE 需经升温至 A_s（奥氏体相变开始温度），发生马氏体到奥氏体的逆相变，应变逐渐减小，到 A_f（奥氏体相变结束温度）时，可能还存在小部分应变 GH。GH 称为永久应变，FG 之间的应变称为可回复应变。若 GH 为零，则该材料具有完全的形状记忆效应。

　　其实，这两种现象在本质上是相同的，都是由应力诱发马氏体相变引起的，前者在卸载后，马氏体处于亚稳态，需加热后回复，而后者发生在温度 A_f（A_f 表示奥氏体转变结束温度）以上，马氏体只在应力下稳定，随应力增加或减小，马氏体也相应长大或缩小，应力除去后，应力诱发马氏体当即逆转变为稳定母相，相变引起的变形消失。这种不通过加热即恢复到原先形状的相变，看起来像弹性变形，但其应力-应变曲线是非线性的，称为相变伪弹性，应变完全恢复时称为超弹性（superelasticity）。若有部分应变回复，则称为伪弹性（pseudoelasticity）。

　　镍钛合金具有典型的形状记忆效应和相变伪弹性。NiTi 合金应力-应变曲线的形状随变形温度的不同而发生变化。图 43-3 是 NiTi 合金应力-应变-温度综合示意图。曲线 1 为在温度 A_s（A_s 表示奥氏体转变起始温度）以下应力应变曲线，应力卸载后剩余应变加热到 A_s 以上温度后得到回复。曲线 2 表示在温度 A_f 以上时，发生应力诱发马氏体，去除应力，应力诱发马氏体消失，应变完全回复，呈现超弹性（伪弹性）行为。曲线 3 表示，在更高温度 M_d（M_d 指奥氏体发生应力诱发马氏体相变的最高温度，高于马氏体相变开始温度 M_s）以上，施加应力时，材料不发生应力诱发马氏体，只是奥氏体的弹性变形和塑性变形。

　　NiTi 合金冷却时相变顺序视成分和处理工艺不同而有所不同。经热循环或热机械处理的近等原子比 NiTi 合金和时效富镍 NiTi 合金的冷却相变顺序为奥氏体→R 相→马氏体，而完全退火态的近等原子比 NiTi 合金冷却时奥氏体直接转变成马氏体。

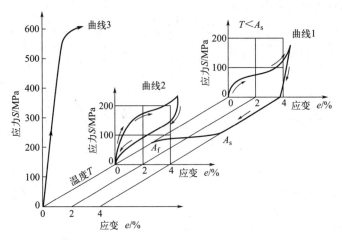

图 43-3　NiTi 合金应力-应变-温度之间的关系

形状记忆效应可以分成以下 3 种。

① 单程记忆效应。形状记忆合金在较低的温度下变形，加热后可恢复变形前的形状，这种只在加热过程中存在的形状记忆现象称为单程记忆效应。如图 43-4 所示，弹簧在室温受力伸长后，加热之后又收缩恢复到原来的长度。

② 双程记忆效应。某些合金加热时恢复高温相形状，冷却时又能恢复低温相形状，称为双程记忆效应。如图 43-5 所示。

③ 全程记忆效应。加热时恢复高温相形状，冷却时变为形状相同而取向相反的低温相形状，称为全程记忆效应。

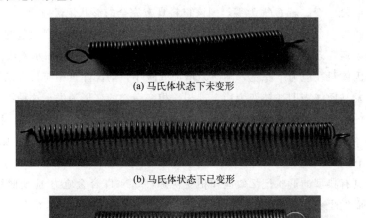

(a) 马氏体状态下未变形

(b) 马氏体状态下已变形

(c) 放入热水中，高温下转变成奥氏体，形状完全恢复

图 43-4　单程形状记忆弹簧的变化情况

至今为止发现的记忆合金体系：Au-Cd、Ag-Cd、Cu-Zn、Cu-Zn-Al、Cu-Zn-Sn、Cu-Zn-Si、Cu-Sn、Cu-Zn-Ga、In-Ti、Au-Cu-Zn、Ni-Al、Fe-Pt、Ti-Ni、Ti-Ni-Pd、Ti-Nb、U-Nb 和 Fe-Mn-Si 等。

(a) 室温　　　　　　　　(b) 加热后　　　　　　　　(c) 冷却至室温后

图 43-5　双程形状记忆合金花的动作变化情况

三、实验设备与材料

① 拉伸试验机，差示扫描量热仪，热处理炉、固定夹具、电吹风、温度计、烧杯等；
② 材料：NiTi 合金。

四、实验内容及步骤

（一）测定合金的相变温度

采用差示扫描量热仪测定合金的相变温度。

（二）拉伸试验

测试合金丝的拉伸曲线，注意选择不同的变形度，做好标记，拉伸实验后再加热观察恢复情况，计算恢复率。

（三）形状记忆处理

把合金丝固定在夹具上，形状由组员自行决定，放入高温炉中保温 10min 后，取出冷却。

（四）测定动作恢复温度

① 把合金丝弯成与设定形状不同的其他形状（建议拉成直丝）；
② 在室温下把合金丝放到盛水的烧杯中；
③ 缓慢增加水温；
④ 当合金丝恢复到原来设定的形状时，记录此时的温度；

⑤ 由于形状恢复开始时较难察觉，把合金丝从烧杯中取出拉直，再放入烧杯，这样更能察觉形状恢复的起始温度；

⑥ 可以降低升温速率，重复测量；

⑦ 形状恢复后，把最后的形状拍照，与当时在固定架上的形状进行对比，形状不太可能完全恢复，可观察大部分变形是否恢复；

⑧ 最后，清理工作区域并将所有工具归类放好。

五、实验报告要求

① 实验内容及结果；
② 讨论形状记忆合金的用途。

六、思考题

利用形状记忆合金设计一种有实际应用价值的小零件。

35CrMo 合金钢表征评价

一、实验目的

① 熟悉和掌握热处理基本技术，显微组织观察和性能评价的基本方法；

② 学会优化热处理工艺，改善钢的性能。

二、实验原理与方法

金属热处理是机械制造中的重要工艺之一，与其他加工工艺相比，热处理一般不改变工件的形状和整体的化学成分，而是通过改变工件内部的显微组织，或改变工件表面的化学成分，赋予或改善工件的使用性能，其特点是改善工件的内在质量。

为使金属工件具有所需要的力学性能、物理性能和化学性能，除合理选用材料和各种成型工艺外，热处理往往是必不可少的。钢铁是机械工业中应用最广的材料，其显微组织复杂，可以通过热处理予以控制，所以钢铁的热处理是金属热处理的主要内容。其他多种金属及其合金也都可以通过热处理改变其力学、物理和化学性能，以满足不同的使用要求。

三、实验设备与材料

1. 实验设备

① 金相制样设备；

② 金相显微镜；

③ 高低温箱式热处理炉；

④ 硬度计；

⑤ 万能材料试验机；

⑥ 扫描电镜。

2. 实验材料

合金钢（如 35CrMo 钢等）。

四、实验内容

本实验要求综合运用所学的材料专业基本理论知识和实践，特别是热处理工艺技术，选择合适的加热温度、保温时间、冷却方式等工艺条件，通过合适的表征技术对所获样品进行正确评价，选用方法不限。

① 针对选定的钢材料，阅读相关文献，了解该钢种的基本特性。

② 设计热处理工艺，选择合适的加热温度、保温时间、冷却方式等工艺条件处理样品。

③ 显微组织观察：制备金相样品，利用光学显微镜、扫描电镜观察其组织。

④ 力学性能测试：利用万能材料试验机和硬度计测定样品的力学性能。

五、实验报告要求

记录实验数据、曲线、图片，实验结果讨论。

六、思考题

① 在关注最优化性能评价之外，请思考材料和工艺缺陷是否影响钢的潜能。

② 如何理解 35CrMo 钢综合性能优异？

③ 35CrMo 钢是冷镦钢的一种，为什么可以进行冷镦？

机器人焊接试验设计与质量评定

一、实验目的

① 能够充分了解材料加工制造中先进的焊接工艺与技术；

② 促进学生掌握"材料加工原理"专业基础知识；

③ 培养学生的焊接试验设计与分析能力。

二、实验原理与方法

焊接过程主要包括热源加热、熔化和随后的连续冷却。工件和焊丝熔化形成熔池，熔池冷却凝固后形成连续的焊缝。

全因子试验设计就是将实验中所涉及的全部实验因素与水平全面组合，形成不同的实验条件，每个实验条件下进行两次或两次以上的独立重复实验，不仅可以准确地估计各实验因素的主效应的大小，还可估计因素之间各级交互作用效应的大小。在焊接工艺设计过程中，对焊接焊缝的成形参数进行多因素分析，从而合理地设计试验是尤为关键的。通过试验设计可同时研究焊接过程中多个焊接参数对焊缝成形参数的影响，通过对选定的输入因素进行精确、系统的人为调整来观察焊缝成形参数的变化情况，并通过对结果的分析，最终可确定影响结果的因素及最有利于结果的取值方法，以确定、验证和优化焊接过程参数。通过 DOE 全因子试验设计法，设计合理的焊接工艺实验，分析焊接工艺参数与焊缝质量参数间的关系，建立相关预测模型，实现焊接过程优化设计。

全因子试验设计的流程如图 45-1 所示，本实验选用的是两因素三水平的 9 组全因子试验设计，每组试验重复三次，并反复进行验证，然后取平均值。

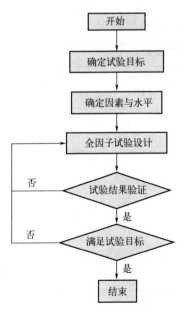

图 45-1 全因子试验设计流程

三、实验设备与材料

① MOTOMAN 焊接机器人；

② 体视显微镜；

③ Observer D1m 研究级金相显微镜；

④ 硬度计；

⑤ 实验耗材：Q235 低碳钢钢板，TWE-711Ni（ϕ1.2mm）焊丝，80％Ar＋20％CO_2 保护气体。

四、实验内容及步骤

（一）低碳钢焊接工艺设计

机器人焊接过程中，要确定焊枪的起始点、焊接路径以及结束点位置，以便完成连续的焊接作业。焊接坡口类型很多，本焊接实验设计采用 Y 型坡口，如图 45-2 所示。

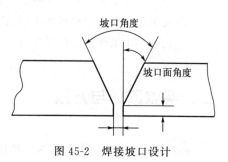

图 45-2　焊接坡口设计

（二）焊接全因子试验设计

需要设计的焊接参数如表 45-1 所示，分别制定不同的参数，完成焊接。

表 45-1　DOE 全因子试验设计堆焊低碳钢焊接参数

序号	焊接电流 /A	焊接电压 /V	焊接速度 /(mm/min)	干伸长 /mm	板厚 /mm	气体流量/(L/min) (80％Ar＋20％CO_2)
1						
2						
3						
4						
5						
6						
7						
8						

（三）焊缝形貌及宏观金相

焊接完成后用相机拍摄焊缝形貌进行对比分析。每个焊缝经切割、粗磨、细磨、粗抛之后用10％的硝酸酒精溶液或者过硫酸铵水溶液腐蚀，得到宏观金相。

焊缝成形参数的测量主要包括焊缝宽度、焊缝深度和焊缝余高，如图45-3所示。

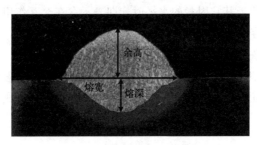

图 45-3　焊缝成形参数示意

（四）全因子试验结果计算及相关曲线

① 因素影响及交互影响。对影响试验的因素及各个因素的交互作用对指标的影响进行定量分析，通过分析确定改善方向并最终找出最优参数。三丝焊接时的众多焊接参数存在交互作用，需要采用回归模型。

$$Y = \sum_{i=1}^{m} b_i X_i + \sum_{j=1}^{m} b_{ii} X_j + \sum_{i<j} b_{ij} X_i X_j + b_0$$

式中，b_0、b_i、b_{ii}、b_{ij} 为回归系统的系数。

② 试验结果的方差分析。较为复杂，但也更精确，可定量地分析出各因素对指标的影响并确定试验误差，还可从统计上确定哪个因素是真正的重要因素，哪个因素不是，其中主要用到的有单因素方差分析和双因素有交互作用方差分析。

③ 试验结果的回归分析。揭示焊接参数与焊缝成形参数之间的相互关系，根据因素水平对焊缝成形参数进行预测。包括确定相关系数、方差分析检验。两因素方差检验如表45-2所示。

表 45-2　两因素方差检验

项目	方差和	自由度	平均方差	F
A	SS_A	$a-1$	$MS_A = SS_A/(a-1)$	MS_A/MS_E
B	SS_B	$b-1$	$MS_B = SS_B/(b-1)$	MS_B/MS_E
交互作用	SS_{AB}	$(a-1)(b-1)$	$MS_{AB} = SS_{AB}/(a-1)(b-1)$	MS_{AB}/MS_E
误差	SS_E	$(ab-1)(n-1)$	$MS_E = SS_E/ab(n-1)$	
总和	SS_T	$abn-1$		

④ 系统散点图。如果模型包含可预测连续性的属性，系统会显示散点图。所谓散点图，就是通过图形对照显示模型中的实际值和预测值。通过将连续性的输入属性视为独立变量，

预测属性视为依赖变量，X 轴表示实际值，Y 轴表示预测值，将序列显示为一组点，以图形方式对照显示数据中的实际值与模型预测值，该图还显示一条完美预测 45°角线，在这条线上预测值和实际值完全匹配。

⑤ 交互作用分析。检查焊接规范和焊接速度与焊缝成形参数之间的关系是线性还是非线性，可以采用方差分析中的交互作用来进行分析。交互作用表示一因素对另一因素的不同水平有不同的效果，是一个因素的水平保持恒定时另一个因素的每个水平的均值图。当某一个因素水平上的响应依赖于其它因素的水平时，即表示存在交互作用。如果交互作用图中的线近似平行，则表示不存在交互作用。线偏离平行状态的程度越大，则交互作用越显著。要使用交互作用图，必须获得所有水平组合的数据。

⑥ 焊缝成形参数预测分析。一般焊接工艺的焊缝成形参数不是固定在某一值，而是在一定的范围内变化。因此，以上工艺实验所得到的实验数据对焊缝成形参数的范围预测具有很大的实际意义。

五、实验报告要求

① 熟练应用统计学分析软件，对焊缝成形参数进行测量与统计分析，主要通过拍摄宏观金相测量焊缝成形参数。

② 利用 Minitab 统计学分析软件和 Origin 软件对结果进行方差检验，分析主效应和交互作用的影响、统计散点图、交互作用图、预测值计算等。

六、注意事项

① 机器人焊接作业时，学生应戴上防护眼镜进行焊接过程观察，防止弧光刺伤眼睛。焊接进行时，与焊接设备保持适当的安全距离。

② DOE 全因子试验设计时，要注意因素与水平的选择是基于获得良好的焊缝成形和较大的焊缝成形参数差异的前提下，否则无法完成焊缝成形参数的测量与分析计算。

七、思考题

① 基于 DOE 全因子的焊接试验设计中，需要确定哪些因素和水平？
② 全因子焊接试验设计的实验分析包括哪些？

3D 打印实验

一、实验目的

① 了解 3D 打印（增材制造）技术的基本原理；

② 熟悉 3D 打印机的基本构造和模型制作过程；

③ 通过现场学习及实践，加深学生对材料智能制造成型工艺的理解。

二、实验原理与方法

3D 打印技术又称为增材制造技术，是 21 世纪最具有颠覆性的高科技技术之一，不仅能够适应定制化的生产，还具有高度的灵活性，为设计制造提供了无限可能。其基本原理是以数字模型为基础，将三维模型切片分层然后逐层打印堆积，形成物体。与传统加工制造的区别在于减材与增材、材料利用率的差别。

3D 打印有很多不同的技术，本实验介绍立体光固化成型工艺（SLA）和选择性激光熔化工艺（SLM）。

1. 立体光固化成型工艺（SLA）

SLA 主要使用光敏树脂材料，通过紫外光或者其他光源照射凝固成型，逐层固化，最终得到完整的产品，如图 46-1 所示。基本原料为光固化树脂。

基本原理：利用光能的化学和热作用可使液态树脂产生变化的原理，对液态树脂进行有选择地固化，就可以在不接触的情况下制造出所需的三维实体原型。这种利用光固化技术进行逐层成型的方法，称为光固化成型法，国际上通称 stereolithography。

（1）优点

① 工艺最成熟，应用最广泛。在全世界安装的快速成型系统中，光固化成型系统约占 60%。

② SLA 工艺成型速度快，系统工作稳定。

③ 成型精度高，可以做到微米级别，适合制作结构异常复杂的产品。

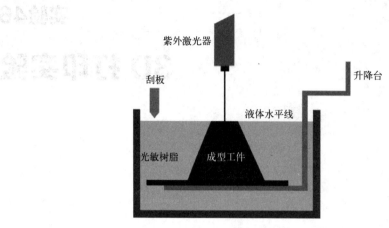

图 46-1　立体光固化成型工艺

④ 表面质量好，比较光滑，适合做精细零件。

（2）缺点

① 成型尺寸有较大的限制，不适合制作体积庞大的工件。

② 成型过程中伴随的物理变化和化学变化可能会导致工件变形，因此需要设计支撑结构。

③ SLA 工艺所使用的材料还相当有限且价格昂贵，液态的光敏树脂具有一定的毒性和气味，材料需要避光保存以防止提前发生聚合反应。

④ SLA 成型产品的强度、刚度、耐热性都有限，不利于长时间保存。

⑤ 由于材料是树脂，温度过高会熔化，工作温度不能超过 100℃。且固化后较脆，易断裂，可加工性不好。成型件易吸湿膨胀，抗腐蚀能力不强。

2. 选择性激光熔化工艺（SLM）

基本原理：将激光的能量转化为热能使金属粉末成型。与选择性激光烧结工艺（SLS）的主要区别在于，SLS 在制造过程中，金属粉末并未完全熔化，而 SLM 在制造过程中，金属粉末在激光束的热作用下完全熔化，经冷却凝固后成型，见图 46-2。

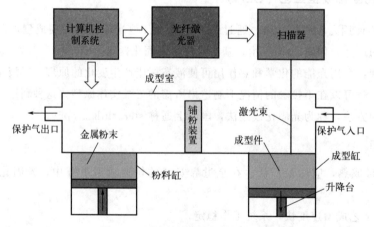

图 46-2　选择性激光熔化工艺示意

（1）优点

① 零件致密度好，一般达 90％以上，力学性能与传统工艺相当。

② 形状不受限制，且所加工零件可后期焊接。

③ 零件成型精度高，金属材料范围广，可加工种类持续增加。

④ 与传统减材制造相比，可节约大量材料。

（2）缺点

① 需要选用高功率密度的激光器，设备成本高。

② 成型速度较慢，为了提高加工精度，需要用更薄的加工层厚。

③ SLM 过程中，金属瞬间熔化与凝固（冷却速率约 10000K/s），温度梯度很大，产生极大的残余应力，如果基板刚性不足则会导致基板变形。去应力退火能消除大部分的残余应力。

④ SLM 技术工艺较复杂，需要加支撑结构，考虑的因素多。因此多用于工业级的增材制造。

三、实验设备与材料

① 金属打印机和树脂打印机；

② Magics 软件；

③ 光敏树脂、Al-Si 粉末。

四、实验步骤

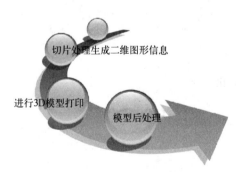

图 46-3　3D 打印过程示意

3D 打印过程及实验步骤如图 46-3 和图 46-4 所示。

① 设计出所需打印零件的计算机三维模型，并存储为 STL 格式文件。

② 利用 Magics 软件对零件进行检查和修补。

③ 利用 Magics 软件将模型（STL 文件）进行 Z 轴补偿、加支撑和切片，将原来的三维模型变成一系列的层片文件。

④ 导入 UnionTech Lite 300 打印机，设备自动识别离散后的模型文件，刮刀及网板归零，之后进行树脂液位检查和刮刀清理。检测功率无误后，控制设备进入准备状态，并开始执行程序打印模型，预估打印时间。

⑤ 按时对打印完的零件进行酒精浸泡处理，去支撑，然后修磨。

⑥ 可对完成零件进行性能测试。

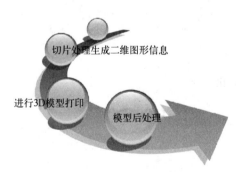切片处理生成二维图形信息

进行3D模型打印

模型后处理

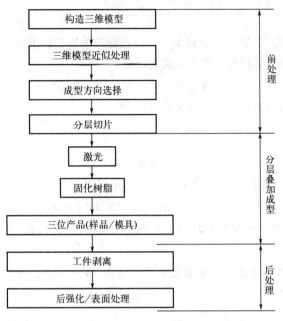

图 46-4　实验步骤示意

五、实验报告要求

① 提交作品；
② 分享实验过程经验；
③ 可选做性能测试、拆解检验等。

六、思考题

① 液态金属凝固和金属 3D 打印成型的异同点。
② 两种凝固成型方法与显微组织、性能之间的演化规律。
③ 高分子和金属 3D 打印成型的不同点。
④ 如何优化无机非金属 3D 打印成型技术？

附录：

图 46-5 是采用选择性激光熔化工艺（SLM）打印的 AlSi 合金的显微组织，是典型的浪花型组织，由变形态晶粒组成，打印过程中粉末颗粒发生强烈塑性变形并堆积成块体，具有明显的方向性。

图 46-5　3D 打印的 AlSi 合金的显微组织

三元相图测定与分析教学实验

一、实验目的

① 学习测定三元相图的样品设计和组合材料芯片的制备方法；

② 学习综合运用多种分析手段进行相组成、相化学成分的测定；

③ 学习三元相图构建的数据处理方法和三元相图的分析方法。

二、实验原理与方法

相是材料中在化学和结构上均匀的区域。相图是一种描述体系中相组成和相平衡随成分、温度和压力变化规律的几何图形。从这种几何图形上，可以直观地看出体系中的各种聚集状态（所存在的相）和它们所处的条件（温度、压力、组成）及多相的平衡。常见的相图有单元系、二元系、三元系和多元系等几种。

实验中测定相图以测定各种材料（一定成分）在不同温度、压力下的相变点（临界点）为基础，通过把数据点连接起来得到相图。测定材料临界点的方法有动态法如热分析、膨胀法、电阻法等和静态法如金相法、X射线结构分析等。传统的方法需要逐一测定不同成分样品的临界点数据，工作量巨大，完成一幅相图绘制的时间以年计算。

本实验采用以组合材料芯片替代传统单一成分样品的实验方法，即在一块基底上，选取相应的三个组元，制备出组元成分在基底三角形区域内连续变化的组合材料芯片。三角形三个顶点处的成分为三种纯组元，与三元相图的成分平面高度相似。通过高通量成分、结构表征方法，快速测定成分空间中的相分布，通过不同等温处理的芯片研究各温度截面的相分布规律，进而能快速构建起包含成分平面和温度轴的三维立体三元系相图。图47-1为三元相图构建的实验流程。

为构建一个立体空间中完整的三元相图，需构建液固/固液转变面和固液转变面温度以下的固相转变面。

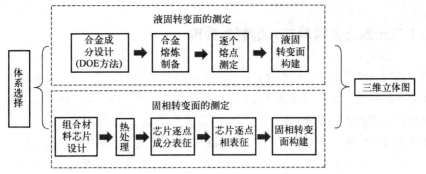

图 47-1　三元相图构建实验流程

（一）液固/固液转变面的构建

对于液固转变面，熔炼一系列不同成分的合金，通过热分析的方法分别测定相应的熔点 T_L 和凝固温度 T_S，将成分空间中离散的转变点连接成固液转变面，如图 47-2 所示。

（二）固相转变面的构建

对于液固转变面以下的固相转变面，采用组合材料芯片结合高通量表征技术来构建。首先制备若干成分覆盖完整的三元系，经不同温度处理后采用高通量逐点进行成分和结构表征，确定相应温度下的等温截面，然后将离散的等温截面上的相分布连接成相的边界面（即固相转变面），如图 47-3 所示。

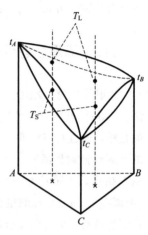

图 47-2　构建液固/固液
转变面的示意

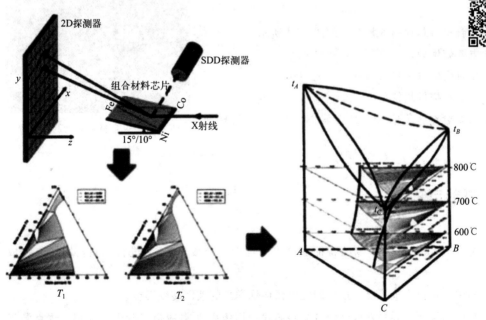

图 47-3　构建固相转变面示意

（三）三元系组合材料芯片的制备原理

与传统的均匀样品不同，组合材料芯片受集成电路芯片的启发，在一块基体上制备具有成分梯度分布的样品，每个不同成分的微区相当于一个样品，即可在一块样品上集成成千上万个材料样品，大幅度提高研究效率。

在本次实验中，在一个基底上镀膜，选取相应的三个组元，利用移动掩模板在一个方向上形成一个组元镀膜厚度的连续变化，旋转120°，形成第二个组元镀膜厚度的连续变化，依次在基底的三角形区域形成三个组元成分连续变化的组合材料芯片。三角形的三个顶点处成分为三种纯组元，与三元相图的成分平面高度相似。

（四）高通量逐点表征成分和结构的原理

X射线衍射（XRD）和X射线荧光光谱（XRF）是无损表征样品结构和成分的常见方法。XRD的基本原理是单色X射线与晶体试样发生衍射现象，不同晶体物质有其对应的衍射花样，通过对照标准衍射花样即可得知其晶体结构。XRF的基本原理是当具有足够能量的X射线照射样品时，试样中围绕原子核运动的电子受激发，产生二次荧光X射线，即标识X谱线，不同元素的标识谱线不同，通过对照分析可确定试样成分。使用微束X射线（束斑小于1mm）探测组合材料芯片样品的某个微区，逐点同时采集XRD和XRF谱图，即可实现结构和成分的联合表征。

三、实验设备与材料

① 组合材料芯片制备装置，如图47-4所示；
② 电弧熔炼炉；
③ X射线衍射仪和X射线荧光光谱仪；
④ 差示扫描量热仪；
⑤ 典型合金：FeCoNi，纯金属Ni、Co、Fe靶材和原料。

图 47-4　组合材料芯片制备装置

四、实验步骤

① 选取FeCoNi三元合金的特征成分点（至少8个成分点），进行配料，熔炼制备成合金。
② 利用差示扫描量热仪，逐个测定电弧熔炼样品的液固转变温度。
③ 对不同温度下等温处理的组合材料芯片利用微束X射线衍射和荧光光谱，逐点测定

芯片上的相组成和化学成分。

④ 选择适宜的 X 射线设备操作参数，如靶、管流、管压、测试范围、步长、采谱时间等。

⑤ 分析单张 XRD 谱线，确定相组成。

⑥ 分析单张 XRF 谱图，确定化学成分。

⑦ 如实记录各样品的逐点实验数据。

⑧ 利用实验所测得的等温截面相和成分分布数据，重构三维空间的三元相图。

⑨ 可视化显示所获得的三元相图。

五、实验要求

① 要求学生掌握以下基本知识和能力。

a. 了解三元匀晶相图和三元共晶相图等相图的基本概念和知识；

b. 了解相图测定的基本原理和方法；

c. 了解 X 射线结构和成分表征的基础知识。

② 熟悉三元相图制备的基本设备、熔炼方法与过程，会操作"三元相图制备与分析"虚拟仿真软件；可根据样品需求进行相关分析。

六、思考题

三相平衡时，三相区连接线构成的图形是何种形状？

附录："三元相图测定与分析虚拟仿真教学实验"

网址：http://www.ilab-x.com/details/2020? id＝6851&isView＝true

SiO₂ 微球的合成

一、实验目的

① 了解溶胶-凝胶法在二氧化硅胶体颗粒制备中的应用；

② 掌握利用 SEM 对微、纳米材料进行形貌表征；

③ 学会利用激光粒度分析仪分析材料粒径。

二、实验原理与方法

（一）溶胶-凝胶法的原理与 Stober 工艺制备二氧化硅胶体颗粒方法

溶胶（sol）指的是胶体颗粒分散在液体中，胶体是指直径在 $1\sim100nm$ 间的固体颗粒，凝胶（gel）是一种相互连接的刚性网络，含亚微米尺寸的孔隙，聚合物链的平均长度大于 $1\mu m$。溶胶-凝胶法（sol-gel method，SG 法）以金属醇盐或无机盐为前驱体，通过水解法生成活性单体，再通过缩合、聚合反应形成稳定的凝胶，最后干燥、煅烧，完成材料的制备。溶胶-凝胶法是无机材料合成中一种独特的湿化学反应方法，在功能陶瓷、氧化物涂层等材料的合成方面具有很广泛的应用。该方法可以追溯至十九世纪中期，在二十世纪五六十年代被用于胶体二氧化硅粉体的商业开发。Stober 等人证明，利用溶胶-凝胶法，以氨水为正硅酸乙酯（TEOS）水解反应的催化剂，可以制备出形貌、尺寸可控的二氧化硅球形粉体，即 Stober 球形二氧化硅。二氧化硅是白色粉末，无毒、无味、无污染，化学性能稳定、耐磨性好、熔点高、生物相容性好、光学性能优越，是优良的催化剂载体、生物医药材料和工程材料。纳米二氧化硅比表面积大、密度小、分散性好，同时可吸收紫外线、吸附色素离子，力学性能优异，且表面存在着大量的羟基、不饱和键，因此在医学诊断、工业、军事等领域具有广泛的应用价值。纳米二氧化硅的应用一般都存在着对其形貌和粒径分布范围的要求。

纳米二氧化硅的制备方法很多，目前溶胶-凝胶法是比较常用的方法。W. Stober 发明的 Stober 工艺是用氨水作为催化剂，通过正硅酸乙酯的水解和随后的硅酸在酒精溶液中的缩合制备单分散二氧化硅胶体。水解过程中，在氨水的催化作用下，正硅酸乙酯的乙氧基与水分子反应，通过用羟基取代乙氧基，生成中间体 $[Si(OC_2H_5)_{4-x}(OH)_x]$，反应方程式为：

$$Si(OC_2H_5)_4 + xH_2O \longrightarrow Si(OC_2H_5)_{4-x}(OH)_x + xC_2H_5OH$$

在缩合反应过程中，中间体 $[Si(OC_2H_5)_{4-x}(OH)_x]$ 的羟基与正硅酸乙酯的乙氧基或另一个水解中间体的羟基发生"醇缩合"或"水缩合"反应，生成 Si—O—Si 桥。这两个缩合反应的反应方程式为：

$$\equiv Si-OC_2H_5 + HO-Si\equiv \longrightarrow \equiv Si-O-Si\equiv + C_2H_5OH$$

$$\equiv Si-OH + HO-Si\equiv \longrightarrow \equiv Si-O-Si\equiv + H_2O$$

反应总方程式可以表述为：

$$Si(OC_2H_5)_4 + 2H_2O \longrightarrow SiO_2 + 4C_2H_5OH$$

二氧化硅颗粒的尺寸与水和氨水的初始浓度、正硅酸乙酯的浓度、反应温度有关。例如，在一定的正硅酸乙酯浓度范围内，当水和氨水浓度不变时，随着正硅酸乙酯浓度的增大，水解和缩合反应速度都得以加快，水解中间体增加，达到过饱和后，缩合反应消耗中间体的速度也相对较快，这有可能缩短成核时间，因此成核总数减少，从而导致生成的二氧化硅颗粒增大。同样的道理，在一定氨水浓度范围内，当正硅酸乙酯和水的浓度固定不变时，氨水浓度的增大加快了水解和缩合的速度，从而导致形成的核的总数减少，合成的二氧化硅颗粒增大。氨水量对粒径的影响见图 48-1 所示实验结果。

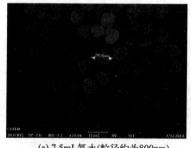 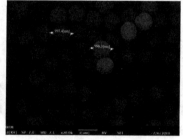

(a) 7.5mL氨水(粒径约为800nm)   (b) 10mL氨水(粒径约为990nm)

图 48-1　其他条件相同（5mL 水、30mL 乙醇与 30mL 正硅酸乙酯混合液，室温搅拌 12h），不同氨水量生成的 SiO_2 颗粒 SEM 照片

（二）二氧化硅颗粒粒径分析

研究二氧化硅颗粒的粒径与粒径分布，除了可以借助于电子显微镜外，还可以利用激光粒度分析仪。其原理是颗粒可以使激光发生散射。激光器发生的激光经过一系列的光学器件，会变成平行光，当没有颗粒存在时，平行光束在富氏透镜的后焦平面上汇聚，形成一个光点；当平行光照射到悬浮颗粒时，部分光发生散射，散射光与主光束传播方向之间形成一个夹角，因此在富氏透镜的后焦平面上形成了亮圆斑。颗粒的粒径越大，散射角越大，因此

亮圆斑的直径越小。当颗粒粒径不同时，散射光叠加，其强度代表了该粒径颗粒的数量。这些光散射信号被光电探测阵列转换成电信号，传输到计算机中，通过软件处理，就可以得到颗粒的粒度信息。

一般是取少量样品用激光粒度分析仪进行粒度分布分析，所以要求测试的样品具有代表性。可以用取样器在粉体中选择多点，并且在每点的不同深度进行取样。使用激光粒度分析仪进行样品测试时，要先把样品分散在介质中，配制成悬浮液。选择介质的依据是介质要纯净透明、不含杂质，可以较好地润湿样品表面且不与样品发生化学反应，不使样品溶解、膨胀、团聚等。当介质对样品润湿效果不好时，可以加入适当的分散剂，降低介质的表面张力，促进样品由团聚分散为单体颗粒，延缓、阻止单体颗粒重新团聚。

三、实验设备与材料

① 实验仪器：烧杯、量筒、滴管、离心管、夹持装置、玛瑙研钵、磁力搅拌器、高速离心机、烘箱、马弗炉、超声波分散器、扫描电子显微镜、粉末 X 射线衍射仪、激光粒度分析仪。

② 实验试剂：无水乙醇、氨水、去离子水、正硅酸乙酯。

四、实验内容及步骤

（一）样品制备

① 烧杯中加入一定量的无水乙醇、氨水和去离子水，搅拌 5min。

② 在搅拌的条件下将溶解在无水乙醇中的正硅酸乙酯逐滴滴加到上述溶液中，在一定温度下继续搅拌一定时间。

③ 用高速离心机将搅拌好的溶液进行离心分离，沉淀物用无水乙醇洗涤三次以去除杂质。

④ 将洗涤好的沉淀物放入烘箱，在一定温度下烘干。

⑤ 将烘干的样品放入马弗炉，在一定温度下煅烧，取出后即完成样品制备。

样品制备流程如图 48-2 所示。

（二）样品表征

① 用玛瑙研钵将样品仔细研磨后，取少量放入离心管中，再加入一定量乙醇制成悬浊液，用超声波分散器分散。

② 在扫描电镜下观察微球粒径及其分布情况。

③ 用激光粒度分析仪进行粒度分布测试，并与扫描电镜结果进行比较。

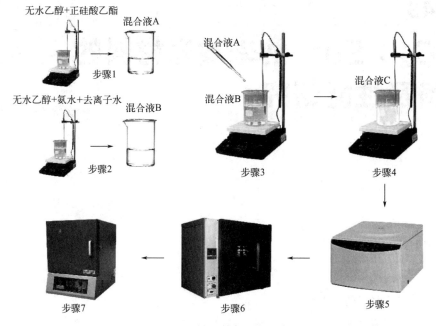

步骤1
步骤2
步骤3
步骤4
步骤5
步骤6
步骤7

无水乙醇+正硅酸乙酯
混合液A
无水乙醇+氨水+去离子水
混合液B
混合液A
混合液B
混合液C

图 48-2　样品制备流程示意

④ 用粉末 X 射线衍射仪记录其 X 射线衍射谱，并进行物相分析。

五、实验报告要求

① 根据所设定的水/乙醇浓度、氨水浓度、正硅酸乙酯浓度配制各反应原料，并记录实验数据。

② 记录搅拌时间、溶胶形成温度、烘干温度与时间、煅烧温度与时间。

③ 分析不同反应条件下产物的粒径及其分布。

六、思考题

① 影响二氧化硅粒径的因素有哪些?

② 分析用扫描电镜和激光粒度分析仪测得的二氧化硅样品粒径的差异。

Y₂O₃：Eu³⁺ 纳米发光材料的制备及性能研究

一、实验目的

① 了解稀土材料的发光原理；

② 掌握用尿素沉淀法制备纳米材料；

③ 实践综合利用多种测试手段分析材料的结构、形貌、性能。

二、实验原理与方法

稀土（rare earth，RE）包括元素周期表中的镧系元素（La，Ce，Pr，Nd，Pm，Sm，Eu，Gd，Tb，Dy，Ho，Er，Tm，Yb，Lu）和钪（Sc）、钇（Y），共 17 种元素。这 17 种元素具有独特的电子层结构，其原子的最外层电子结构相同，都有两个 s 电子。与其他原子结合时，不但会失去最外层的这两个 s 电子，还会失去次外层的一个 d 电子，如果没有 d 电子，则失去一个 4f 电子，因此表现为正三价。根据洪特（Hund）规则，Ce、Pr、Tb 更容易被氧化为正四价，而 Sm、Eu、Yb 更容易被还原为负二价。稀土元素之间的相似性使一种稀土元素很容易被其他稀土取代。根据结晶学规则，两个半径相近的离子之间容易发生相互取代，当这两个离子的价态相同时，不需要进行电荷补偿，因此常用这种方式来制备掺杂的稀土材料。

电子吸收能量从基态或者下能级跃迁到激发态或者上能级，称为光的吸收，可以测得其吸收光谱；反之，从上能级或者激发态跃迁到下能级或者基态时，伴随着能量的释放而产生光的发射，因此可以测得其发射光谱。对稀土离子来说，在可见区或红外区观察到的跃迁都属于 $4f^n$ 组态内跃迁，其光谱表现为窄线状，且谱线强度弱，受温度影响小，温度、浓度淬灭均较小，荧光寿命长。现已知三价稀土离子的 $4f^n$ 组态中共计有 1639 个能级，能级间可能的跃迁数达 199177 个，因此稀土是重要的光学材料库。

Eu³⁺属于 $4f^6$ 组态，其 $4f^n$ 组态中有 327 个能级，是研究较多的稀土发光离子。氧化钇（Y₂O₃）因具有熔点高、化学稳定性和热稳定性好等优点，非常适于作为基体材料。可以用微量其他稀土元素取代 Y 的格位，例如 $Y_2O_3 : Eu^{3+}$ 是一种众所周知的高效红色荧光粉，在 $Y_2O_3 : Eu^{3+}$ 中，价带顶部（即 O^{2-} 的 2p 轨道）的电子跃迁到 Eu^{3+} 最低的未占据 4f 轨道，形成激发态电荷转移带。Eu^{3+} 占据的是 C_2 点群对称格位，没有反演对称中心，因此，Eu^{3+} 的主要发射峰在 610nm 附近，对应于 $^5D_0 \rightarrow {}^7F_2$ 电偶极跃迁，发射出色纯度较好的红光。$^7F_1$ 能级劈裂为 3 个，因此对应于 $^5D_0 \rightarrow {}^7F_1$ 磁偶极跃迁的谱线有 3 根，分别位于 587nm、593nm、599nm 左右，但强度很弱（见图 49-1）。另外，与硫化荧光粉相比，$Y_2O_3 : Eu^{3+}$ 在外加电压的作用下降解较少，且不存在有害成分，因此 $Y_2O_3 : Eu^{3+}$ 在阴极射线管、场发射显示、等离子体显示等领域具有良好的性能。

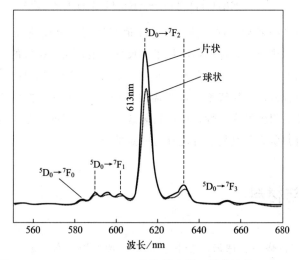

图 49-1　$(Y_{0.95}Eu_{0.05})_2O_3$ 的发射光谱（激发波长：250nm）

总体而言，稀土发光材料的制备方法包括高温固相法、沉淀法、水热法等。其中高温固相法是目前实验室和工业生产中主要采用的制备方法，该方法的工艺过程相对简单，产率高，但也存在着反应条件苛刻，产物组成和结构表现出非计量性、非均匀性、晶粒粗大等缺点。沉淀法在稀土发光材料中也占有重要地位，沉淀法指的是控制适当的反应条件，使溶液中的金属离子与沉淀剂反应，生成水合氧化物、不溶化合物等前驱体，再经过离心或过滤、干燥、煅烧等步骤，获得目标产物。沉淀法分为直接沉淀法、共沉淀法和均匀沉淀法。直接沉淀法是用沉淀剂将金属离子沉淀出来得到前驱体；共沉淀法指的是先将不同种金属溶液按一定比例混合，再向混合溶液中加入沉淀剂，使各组分均匀地沉淀下来，得到前驱体，因此不同组分间能够实现分子/原子水平上的均匀混合。这两种沉淀法都可以实现产物纯度与相组成可控，主要缺点是产物可能因发生团聚而影响其性能，因而需要严格控制制备工艺。均匀沉淀法，如尿素均匀沉淀法，是指利用尿素水溶液水解后生成的 NH_4OH 作为沉淀剂，通过控制 NH_4OH 的生成速度来控制粒子生长速度，因而可以减少团聚现象的发生，得到颗粒形貌均匀、粒径分布范围窄的产品。尿素水溶液在 70℃ 左右发生水解反应，反应方程式为：

$$(NH_2)_2CO + 3H_2O \longrightarrow 2NH_4OH + CO_2 \qquad (49\text{-}1)$$

在用尿素沉淀法合成稀土氧化物 RE_2O_3 时，一般以稀土硝酸盐为稀土源，尿素 $(NH_2)_2CO$ 为沉淀剂，尿素与稀土硝酸盐发生的反应为：

$$RE(NO_3)_3 + (NH_2)_2CO + H_2O \longrightarrow RE(OH)CO_3 \cdot H_2O \qquad (49\text{-}2)$$

沉淀物 $RE(OH)CO_3 \cdot H_2O$ 受热分解的反应方程式为：

$$2RE(OH)CO_3 \cdot H_2O \xrightarrow{\triangle} RE_2O_3 + 3H_2O\uparrow + 2CO_2\uparrow \qquad (49\text{-}3)$$

这一过程实际上包含着失去结晶水以及 OH^- 和 CO_3^{2-} 的分解两步 [见式 (49-4)、式 (49-5)]，热分解反应过程可以通过观察热重（TG）曲线而知。

$$RE(OH)CO_3 \cdot H_2O \longrightarrow RE(OH)CO_3 + H_2O \qquad (49\text{-}4)$$

$$2RE(OH)CO_3 \longrightarrow RE_2O_3 + H_2O + 2CO_2 \qquad (49\text{-}5)$$

用尿素沉淀法制备纳米粒子时，溶液的 pH 值与浓度、沉淀速度、温度以及沉淀的过滤、洗涤、干燥方式、热处理条件均影响粒子的尺寸。根据应用领域的不同，对发光材料的粒度和形貌有着不同的要求。例如，就粒度而言，稀土三基色节能灯上涂覆粒径为 $3\mu m$ 左右的球形荧光粉较为合适，X 射线增感屏则需要粒径为 $1\sim10\mu m$ 的片状荧光粉。纳米结构的荧光粉具有更优良的阴极发光特性，屏幕封装效果更好，因此引起了人们的极大兴趣。制备稀土纳米发光材料并研究其结构、性能具有一定的意义。

三、实验设备与材料

① 实验仪器：三口烧瓶、球形冷凝管、量筒、抽滤瓶、布氏漏斗、天平、铁架台、水浴锅、抽滤泵、滤纸、pH 试纸、胶皮管、滴管、玛瑙研钵、刚玉坩埚、烘箱、高温炉、粉末 X 射线衍射仪、扫描电子显微镜、透射电子显微镜、热重分析仪、紫外-可见荧光光谱仪、紫外分析仪。

② 实验试剂：六水合硝酸钇 $[Y(NO_3)_3 \cdot 6H_2O]$、$Eu(NO_3)_3$ 水溶液，尿素，无水乙醇，氨水，去离子水。

四、实验内容及步骤

（一）样品制备

样品制备的反应装置如图 49-2 所示。

① 按化学计量比称取原料，把 $Y(NO_3)_3 \cdot 6H_2O$、$Eu(NO_3)_3$ 水溶液加入三口烧瓶中，再加入一定配比的无水乙醇与尿素的混合液，放入搅拌子。

② 将三口烧瓶置于水浴锅中，安装球形冷凝管，接上、下水管，通水，开始搅拌。

图 49-2 反应装置

③ 在持续搅拌下恒温加热一段时间后，向三口烧瓶中缓慢滴加氨水，并注意测其 pH 值。当达到预定 pH 值后，停止加入氨水。

④ 继续搅拌加热一定时间后结束反应。

⑤ 将反应液抽滤并用去离子水多次洗涤沉淀产物。

⑥ 将洗涤后的产物转移到培养皿中，一定温度下烘干，得前驱体。

⑦ 取部分前驱体，用热重分析仪分析其热重变化。

⑧ 用玛瑙研钵把烘干后的前驱体磨细后，转移到刚玉坩埚中，高温煅烧，煅烧后取出冷却即得产物。

（二）样品表征

① 取少量产物，用玛瑙研钵仔细研磨后，放入离心管中，再加入一定量乙醇制成悬浊液，用超声波分散器分散。

② 将超声后的悬浊液滴在样品台上，待乙醇完全挥发后置于扫描电镜内，观察产物形貌。

③ 将超声后的悬浊液滴在碳支持膜上，待乙醇完全挥发后置于透射电镜内，观察产物形貌并进行选区衍射（SAED）。

④ 用热重分析仪获得产物的 TG 曲线。

⑤ 用粉末 X 射线衍射仪记录产物的 X 射线衍射谱，并进行物相分析。

⑥ 用紫外-可见荧光光谱仪获得产物的激发光谱和发射光谱。

⑦ 用紫外分析仪对比产物和商用红色荧光粉的亮度、色纯度。

五、注意事项

① 实验全过程须穿实验服，严格佩戴防护镜、防护手套。

② 前驱体的制备实验必须在通风橱中进行。

③ 烧瓶中物料加入量一般约为烧瓶容积的 1/3～1/2，不得超过 2/3。

④ 安装冷凝管时，要使冷凝水从下口进入，上口流出，保证"逆流冷却"。

⑤ 用水冷凝管时应先通水再加热，实验停止时应先停止加热再关冷却水，中途不得断水。液体蒸汽的浸润界面不得超过冷凝管有效冷却长度的 1/3。

六、实验报告要求

① 根据所设定的化学计量比和预期产物量称取、配制各反应原料，并记录实验数据。

② 记录加热温度、搅拌时间、氨水用量、干燥温度与时间、煅烧温度与时间等实验数据。

③ 分析不同反应条件下产物的结构、形貌、发光性能。

七、思考题

① 影响 Y_2O_3：Eu^{3+} 形貌与发光性能的因素有哪些？
② 根据 TG 曲线计算各阶段失重率，分析各阶段对应的热分解过程。
③ 分析 XRD 谱图，观察 Eu^{3+} 掺杂量对其晶体结构的影响。

八、参考实验结果

图 49-3 为一定反应条件下制备的 $(Y_{0.95}Eu_{0.05})_2O_3$ 样品 XRD 谱图与 JCPD 25-1101 卡片 $(Y_{0.95}Eu_{0.05})_2O_3$、JCPD 83-0927 卡片 Y_2O_3 对比。

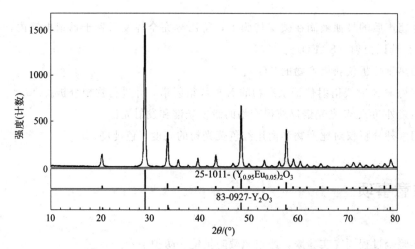

图 49-3　一定反应条件下制备的 $(Y_{0.95}Eu_{0.05})_2O_3$ 样品的 XRD 谱图

图 49-4 为一定反应条件下制备的 $(Y_{0.95}Eu_{0.05})_2O_3$ 样品的 SEM 照片，该样品在 SEM 下呈现为尺寸为 $1\sim3\mu m$ 的片状结构，放大 3 万倍后可以观察到片状结构由许多更小的粒子组成［图 49-4（c）］。

(a) 放大5000倍　　　(b) 放大10000倍　　　(c) 放大30000倍

图 49-4　一定反应条件下制备的 $(Y_{0.95}Eu_{0.05})_2O_3$ 样品的 SEM 照片

图 49-5 为一定反应条件下制备的（$Y_{0.95}Eu_{0.05}$）$_2O_3$ 样品的 TEM 和衍射图，样品为 50nm 左右的多晶颗粒。

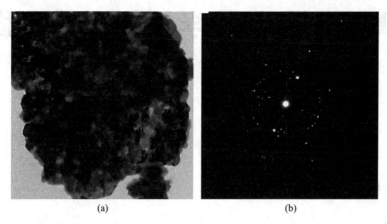

(a)   (b)

图 49-5　一定反应条件下制备的（$Y_{0.95}Eu_{0.05}$）$_2O_3$ 样品的 TEM 照片（a）和衍射图（b）

实验50

高熵陶瓷制备与热学性能测试实验

一、实验目的

① 学习制备高熵陶瓷的流程与要点；
② 掌握高熵陶瓷热学性能的评估方法。

二、实验原理与方法

高熵陶瓷材料通常是指由五种或五种以上陶瓷组元形成的多主元固溶体，由于其新奇的"高熵效应"以及优异的性能，近年来已经成为陶瓷领域的研究热点之一。高熵陶瓷包含高熵氧化物、高熵碳化物、高熵硼化物等多种体系，其优异的性能未来或将应用到光学、热学、电学等多个领域。

由于高熵陶瓷体系具有高构型熵，易形成简单的岩盐型、萤石型、尖晶石型或钙钛矿型等单相固溶体结构。此外，由于各组元一般随机分布在晶格内，离子排布属于无序状态，因而导致高熵陶瓷的各方面性能有别于传统掺杂陶瓷材料。

不同种类的高熵陶瓷制备工艺也有所不同。以氧化物高熵陶瓷为例，目前有固相反应合成法、喷雾热解法、反向共沉淀法和溶液燃烧合成法等。固相反应合成法是其中最常用的一种方法，其原理是利用高温扩散作用形成固溶体。首先将原料通过球磨的方法进行混合并发生部分固溶，然后将混合物高温焙烧，形成均匀的单一高熵相。该方法原理简单，对设备要求较低，产量相对较高，但缺点是反应温度偏高，时间较长，产物比例较难控制。

高熵陶瓷材料与掺杂陶瓷材料相比，具有更好的高温相结构稳定性和更低的热导率，因此是一种极具潜力的热障涂层材料。本实验将通过固相反应合成法制备基于稀土锆酸盐的高熵氧化物体系，测定其热导率和热膨胀系数，并与传统的热障涂层材料的性能进行对比。

本实验采用激光闪射法测定陶瓷样品的热导率。实验原理为，激光热导仪通过激光脉冲的方式对陶瓷样品表面上的一点进行加热，同时通过红外探测器实时测量样品另一表面的温度，记录样品背面温度随时间变化的曲线。根据材料的实际情况，建立陶瓷样品热扩散系数与样品升温时间之间的传热数学模型，从而计算得到样品在不同温度下的热扩散系数。模型建立主要基于对不同材料典型传热特性的假设，常用的模型主要有 Park 模型、Cape-Lehmann 模型、辐射模型等，分别适用于不同的材料。

① Park 模型。该模型适用于热扩散系数很大的材料，近似认为热量在测试过程中仅沿着激光脉冲的方向传递，不向环境扩散，故符合绝热条件。此时热扩散系数 α 可以通过下式计算，其中 L 为样品厚度，$t_{1/2}$ 为检测温度达到峰值的时间的一半。

$$\alpha = 1.38 \frac{L}{\pi^2 t_{1/2}} \tag{50-1}$$

② Cape-Lehmann 模型。陶瓷热障涂层材料不符合 Park 模型的绝热条件，热量在测试过程中显然会向外扩散，因此需要引入 Cape-Lehmann 模型进行修正。但 Cape-Lehmann 模型没有考虑辐射传热的影响，若测试样品对红外透明，则测量得到的结果可能同时包括声子和辐射传热的作用。

③ 辐射模型。对于红外透明或半透明的样品，激光脉冲的热量会透过样品直接辐射传热到达样品背面，引起温度曲线出现很高的尖峰，故需再通过辐射模型进行修正，在计算过程中去除辐射传热对材料热扩散系数的作用。

测算得到样品的热扩散系数后，再通过阿基米德排水法测定陶瓷样品的密度 ρ，通过纽曼-柯普定律（Neumann-Kopp rule）计算材料的等压热容 C_p，最终根据式（50-2）可以计算得到样品的热导率 λ。

$$\lambda = \alpha \rho C_p \tag{50-2}$$

考虑到陶瓷样品中不可避免地有气孔存在，而气孔的声子散射作用会显著降低材料的热导率，因此需引入气孔率对热导率的影响，对式（50-2）得到的热导率进行修正，得到绝对致密的陶瓷材料的热导率 λ_0，计算公式如下。

$$\lambda_0 = \frac{\lambda}{1 - 1.5\Phi} \tag{50-3}$$

样品的气孔率 Φ 由式（50-4）得到。其中，材料的理论密度 ρ_t 需先根据 XRD 分析中得到的晶格常数计算晶格体积，再结合对应材料晶格中的原子量计算得到。

$$\Phi = 1 - \frac{\rho}{\rho_t} \tag{50-4}$$

本实验通过推杆法测定陶瓷样品的热膨胀系数（thermal expansion coefficient，TEC）。热膨胀仪在对样品进行加热的同时，通过推杆将样品的热变形量以位移的形式传递到传感器，实时记录样品的长度变化与温度的关系，从而得到样品的线膨胀率与温度的关系，进而根据式（50-5）得到材料的热膨胀系数随温度变化的曲线。

$$\text{TEC} = \frac{\Delta L / L_0}{\Delta T} \tag{50-5}$$

式中，L_0 为样品在室温下的长度；ΔL 为测试中样品长度相对 L_0 的变化量；ΔT 是测试温度与室温的差值。

三、实验设备与材料

① 激光热导仪；

② 热膨胀仪；

③ 冷等静压机；

④ 烘箱；

⑤ 球磨机；

⑥ 马弗炉；

⑦ 压片机、圆形模具、矩形模具；

⑧ 烧杯、量筒、瓷方舟、机械搅拌器；

⑨ 电子天平、药匙、称量纸、100目筛网；

⑩ 氧化锆粉、氧化钇粉、氧化铈粉、氧化钛粉、氧化锡粉、氧化铪粉、无水乙醇、去
离子水、黏结剂。

四、实验步骤

图 50-1 为实验流程图。

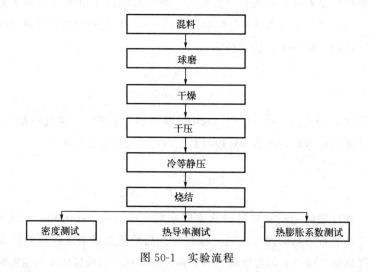

图 50-1 实验流程

① 按摩尔比 1∶0.4∶0.4∶0.4∶0.4∶0.4，室温下称取适量的氧化钇粉、氧化锆粉、
氧化铈粉、氧化钛粉、氧化锡粉、氧化铪粉，将上述粉体在球磨罐中混合，用无水乙醇作为
球磨介质，在行星式球磨机中以 500r/min 的转速球磨 24h。球磨得到陶瓷浆料后蒸发烘干，
在烘干后的粉末中再加入无水乙醇及氧化锆球，并加入适量黏结剂，再球磨 24h。再次得到
的浆料蒸发烘干后，研磨成粉末并过 100 目筛，最终得到均匀混合的陶瓷粉体。

② 将上一步骤制备的陶瓷粉体分别装入孔径为 15.8mm 的圆形模具和截面为 30mm×5mm 的矩形模具，通过压片机压制成型，得到陶瓷生坯，然后将生坯真空密封，以 250MPa 压力进行冷等静压，保压 5min，进一步提高生坯的致密度和均匀性。

③ 将压制得到的生坯在马弗炉中进行无压烧结，升温过程中先以 3℃/min 的速率将炉温从室温升至 1000℃，然后再以 2℃/min 的速率从 1000℃ 升温至 1600℃，并保温 10h，保温完成后随炉冷却至室温，最终获得致密的圆片状或长条状陶瓷块体样品。

④ 通过阿基米德排水法测定烧结后得到的陶瓷样品的密度 ρ。

⑤ 通过激光闪射法测定陶瓷样品的热导率。在待测样品表面进行抛光并喷涂一层石墨，测试从室温开始，并在 100℃ 之后，每隔 100℃ 测试一组数据，测试到 900℃ 为止。记录得到样品背面温度随时间变化的曲线，根据材料的实际情况，建立陶瓷样品热扩散系数与样品升温时间之间的传热数学模型，从而计算得到样品在不同温度下的热扩散系数，然后计算得到样品的热导率。

⑥ 通过推杆法测定陶瓷样品的热膨胀系数。测试从室温开始，以 5℃/min 的速率升温，测试到 1200℃ 为止。记录样品的长度变化与温度的关系，得到样品的线膨胀率与温度的关系，进而得到材料的热膨胀系数随温度变化的曲线。

⑦ 采用上述步骤制备氧化锆样品，测定其热导率和热膨胀系数，并与高熵陶瓷进行对比。

五、实验结果与处理

通过纽曼-柯普定律，按照材料的成分，将成分中各氧化物的热容按照化学计量比相加计算材料的等压热容，各氧化物在不同温度下的热容及其计算经验公式在无机物热力学手册中可以查找得到。再根据不同材料的摩尔质量，得到高熵陶瓷材料的比热容。采用 Cape-Lehmann 模型计算高熵氧化物的热扩散系数，得到热扩散系数随温度的变化关系。再采用辐射模型计算高熵氧化物的热扩散系数，与通过传统的 Cape-Lehmann 模型的计算结果进行比较。将通过 Cape-Lehmann 模型计算得到的各组氧化物陶瓷的热扩散系数以及它们的密度和不同温度下的等压热容代入式（50-2），再按照式（50-3）修正气孔率对样品热导率的影响，可以计算得到各样品的热导率随温度的变化曲线。再采用辐射模型计算得到样品的热扩散系数，仍按式（50-2）、式（50-3）计算热导率。

将仪器记录的热膨胀率随温度的变化曲线导出，按式（50-5）将数据处理为热膨胀系数随温度的变化曲线。

六、思考题

根据所测样品的热扩散系数随温度的变化曲线，陶瓷的热扩散系数随着温度从室温升高，起初有降低的趋势，原因是什么？

附 录

（电子版）

扫描二维码在线阅读

参考文献

[1] 胡赓祥，蔡珣，戎咏华. 材料科学基础[M]. 3 版. 上海：上海交通大学出版社，2010.

[2] 张帆，周伟敏. 材料性能学[M]. 上海：上海交通大学出版社，2009.

[3] 戎咏华，姜传海. 材料组织结构的表征[M]. 上海：上海交通大学出版社，2012.

[4] 姜传海，杨传铮. 材料射线衍射和散射分析[M]. 北京：高等教育出版社，2010.

[5] 郭青蔚，郭庚辰. 常用有色金属二元合金相图集[M]. 北京：化学工业出版社，2010.

[6] 陆立明. 热分析应用基础[M]. 上海：东华大学出版社，2011.

[7] 林慧国，傅代直. 钢的奥氏体转变曲线[M]. 北京：机械工业出版社，1988.

[8] 王槐三，寇晓康. 高分子化学教程[M]. 北京：科学出版社，2002.

[9] 肖超勃，胡运华. 高分子化学[M]. 武汉：武汉大学出版社，1998.

[10] 潘才元. 高分子化学[M]. 合肥：中国科学技术大学出版社，1997.

[11] 潘祖仁. 高分子化学[M]. 3 版. 北京：化学工业出版社，2003.

[12] 丁泽杨，汤宗兰. 聚合物化学[M]. 成都：成都科技大学出版社，1990.

[13] 焦书科，黄次沛. 高分子化学[M]. 北京：中国纺织出版社，1999.

[14] 马德柱. 高聚物的结构与性能[M]. 2 版. 北京：科学出版社，2000.

[15] 金日光，华幼卿. 高分子物理[M]. 北京：化学工业出版社，2000.

[16] 何曼君，陈维孝，董西侠. 高分子物理[M]. 修订版. 上海：复旦大学出版社，2002.

[17] 马立群，张晓辉，王雅珍. 微型高分子化学实验技术[M]. 北京：中国纺织出版社，1999.

[18] 梁晖，卢江. 高分子化学实验[M]. 北京：化学工业出版社，2004.

[19] 冯开才，李谷，符若文，等. 高分子物理实验[M]. 北京：化学工业出版社，2004.

[20] 张兴英，李齐方. 高分子科学实验[M]. 北京：化学工业出版社，2004.

[21] 马瑞申. 高分子实验技术[M]. 上海：复旦大学出版社，1996.

[22] 刘建平，郑玉斌. 高分子科学与材料工程实验[M]. 北京：化学工业出版社，2005.

[23] E. A. Collins. Experiments in Polymer Science[M]. New York：John Wiley & Sons, Inc, 1973.

[24] 应圣康，郭少华. 离子型聚合[M]. 北京：化学工业出版社，1998.

[25] 曹同玉，刘庆普. 聚合物乳液合成原理、性能及应用[M]. 北京：化学工业出版社，1997.

[26] 徐祖耀. 形状记忆材料[M]. 上海：上海交通大学出版社，2000.

[27] Larry L. Hench and Jon K. West. The Sol-Gel Process[J]. Chem. Rev., 1990，90：33-72.

[28] 杨南如，余桂郁. 溶胶-凝胶法简介[J]. 硅酸盐通报，1991，2：56-63.

[29] 姜小阳，李霞. 纳米二氧化硅微球的应用及制备进展[J]. 硅酸盐通报，2011，30(3)：577-582.

[30] Ismail A. M. Ibrahim，A. A. F. Zikry，Mohamed A. Sharaf. Preparation of spherical silica nanoparticles：Stober silica[J]. J. of American Science，2010，6(11)：985-989.

[31] V M Masalov，N S Sukhinina，E A Kudrenko，et al. Mechanism of Formation and nanostructure of Stober silica particles[J]. Nanotechnology，2011，22：275718-275726.

[32] 洪广言. 稀土发光材料：基础与应用[M]. 北京：科学出版社，2011.

[33] 洪广言. 稀土化学导论[M]. 北京：科学出版社，2014.

[34] Qi ZHu，Jiguang Li，Yong Xu，et al. Selective synthesis and shape-dependent photoluminescence

properties of $(Y_{0.95}Eu_{0.05})_2O_3$ submicron spheres and microplates[J]. Trans. Nonferrous Met. Soc. China，2012，22(10)：2471-2476.

[35] Xiaorui Hou, Shengming Zhou, Yukun Li, et al. Luminescent properties of nano-sized Y_2O_3 ：Eu fabricated by co-precipitation method[J]. J. Alloys Compd，2010，494(1—2)：382-385.

[36] Mojtaba Kabir，Mehdi Ghahari，Mahdi Shafiee Afarani. Co-precipitation synthesis of nano Y_2O_3 ： Eu^{3+} with different morphologies and its photoluminescencepro perties[J]. Ceramics International，2014，40(7)，Part B：10877-10885.

[37] 徐如人，庞文琴. 无机合成与制备化学[M]. 北京：高等教育出版社，2001.